U0215756

手绘珍藏版

# JEAN-HENRI FABRE

# 法布尔植物记 下

[法] 法布尔 著 [韩] 秋乬兰 编 [韩] 李济湖 绘 洪梅 译

La Plante

北京联合出版公司
Beijing United Publishing Co.,Ltd.

## 上册 目录

# 目录

# 1

# 叶子不是随意生长的

叶子的每个部分有其存在的意义，
并且蕴涵着丰富的生命奥秘。
因此只有当叶片、叶柄以及托叶
各自完成自己的使命时，叶子才是完整的。

# 植物也有建造技术

人类建造技术和植物建造技术既有共同之处也有不同之处。

人类在建造房屋的时候，建筑师们会先绘制好图纸，根据图纸进行建造。这个时候，建筑师们都会努力让房子显得既美观又坚固。

正如人类在建造房屋时，倾注如此多的精力、运用各种技术一样，植物叶子的生长也是有规律的，并且运用了非常特殊的技术。

举例来说，生长在狭窄石缝间的那些不起眼的小杂草，它们的叶片是按照完美的螺旋曲线的姿态生长在茎秆上的。这样看来，世界上的任何一样事物都离不开协调。无论是重量、长度还是厚度都不是事物本身随意决定的。一定都是出于某种原因，以最为协调的比例出现的。

让我们重新回到建造房屋的话题上吧。造房子首先要挖开土地，打下坚实的地基。只有这样才能够造出坚固的房子来。还有一点值得我们思考，建造房屋的时候，如果土地的面积是固定的，想要建出一座宽敞的房子，唯一的办法就是向上累加。人类可以造出一层一层的高楼，原因就在这里。

同理，植物也是如此。对于植物而言，营养成分的量是固定的，它们能够生长的土地面积也不那么宽裕。如果不想给邻里之间造成麻烦的话，就要尽量合理地使用土地。所以植物也只能一层一层地往上盖自己的房子了。

当然，也不排除有像波斯婆婆纳或结缕草那样不喜欢高处，而向四周生长，肆意占用邻居土地的植物。

波斯婆婆纳

万幸的是这样的植物并不多见。无论是植物还是人类，像这样只向四周延伸的建造技术并不太受欢迎。大部分的植物都希望在阳光下，用坚韧的姿态，炫耀自己又高又舒适的房子。

但是把房子建得高了，不代表就没有问题了。人们生活在高层建筑物中，如果楼上的人吵吵闹闹，楼下的人就会受到影响。植物也有类似的问题。如果长在上面的叶子和下面的叶子刚好重叠，那么下面的叶子就会因为受到遮挡而无法接受阳光的照射。植物如果见不到阳光是无法存活的。所以植物会思考，叶子该如何生长才能够最大限度地吸收阳光。不过不用担心，植物们非常完美地解决了阳光和阴影的问题。

## 不同植物，不同叶序

下面，我们来了解一下植物的茎秆是如何安排叶子生长的，看看它采用了什么技术。叶子按照顺序依次排列在茎秆上的方式称为叶序。

## 叶序

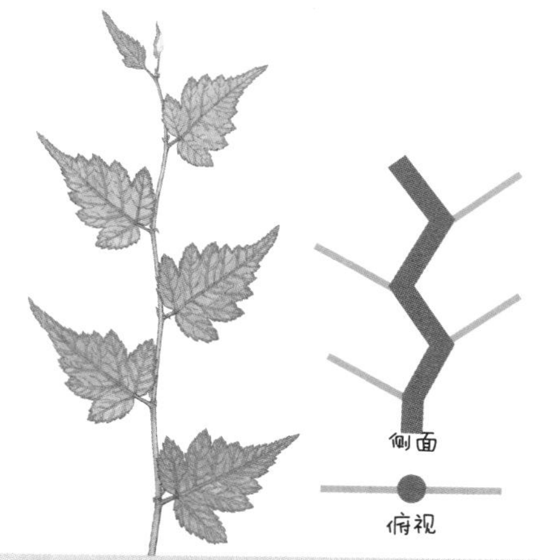


互生　小米空木叶

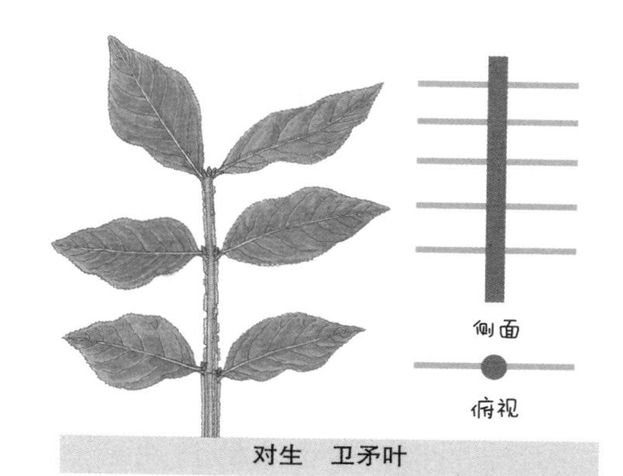


对生　卫矛叶

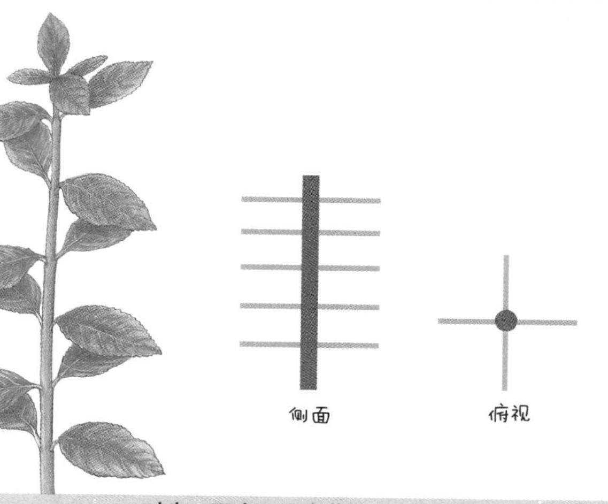


对生、互生　迎春花叶

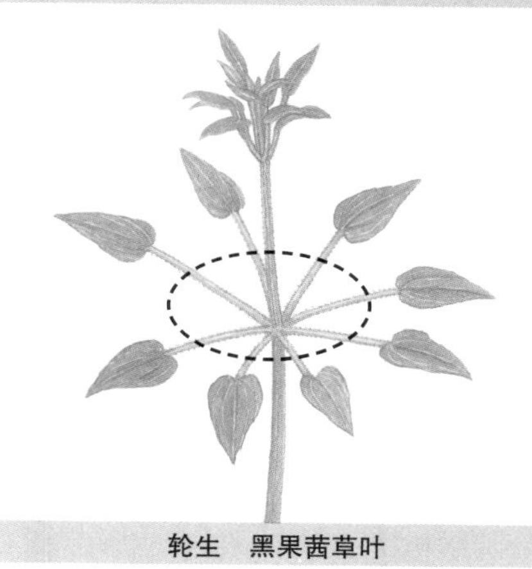

轮生　黑果茜草叶

簇生　银杏树叶

首先，在茎秆的每个节上生1片叶子，相邻的2片叶子相互错开茎秆，这种生长方式叫作互生。互生植物的叶片有的平行生长，如小米空木（一种落叶灌木，分布于亚洲东部。秋季叶片呈红紫色，可栽培供观赏用。茎皮纤维可做造纸原料），有的则以旋涡式生长，如向日葵。让我们从上方观察一下向日葵的叶子吧。叶子在茎秆的周围，呈旋涡状生长。旋涡形状分布的叶子的走向看上去就像螺丝旋转时绘出的曲线一样，所以这种类型的叶序也称为螺旋叶序。

在茎秆的每个节上相对应地生2片叶，称为对生。让我们来看一看枫树和卫矛树（又叫鬼箭羽，生长于中国东北、华北、西北至长江流域各地，日本、朝鲜也有分布，是一种耐寒植物，嫩叶及霜叶均为紫红色，常植于庭院观赏）的叶子吧。两片叶子友好地面对面生长着。而且对生的两对叶子之间是彼此平行生长的。但是臭梧桐（又名海州常山，为落叶灌木或小乔木，生长于中国华东、华中至东北地区）和迎春花的叶子略显不同。它们的叶子看似平行生长，但其实上下两对叶子是互相交错的。让我们俯视一下迎春花的枝干吧。从上面看，两对叶子是呈十字架形互相错开生长的。

不过，也有茎秆的每个节上同时生3片或3片以上叶子的，称为轮生。北重楼、山野豌豆、红藤仔草、黑果茜草等每节茎秆上可以长6至8片叶子。另外，问荆类植物每节上叶片的数量可以达到更多。

还有像银杏树叶一样聚集在一处生长的称为簇生。

在这么多叶序中，最受欢迎的叶序是哪种呢？答

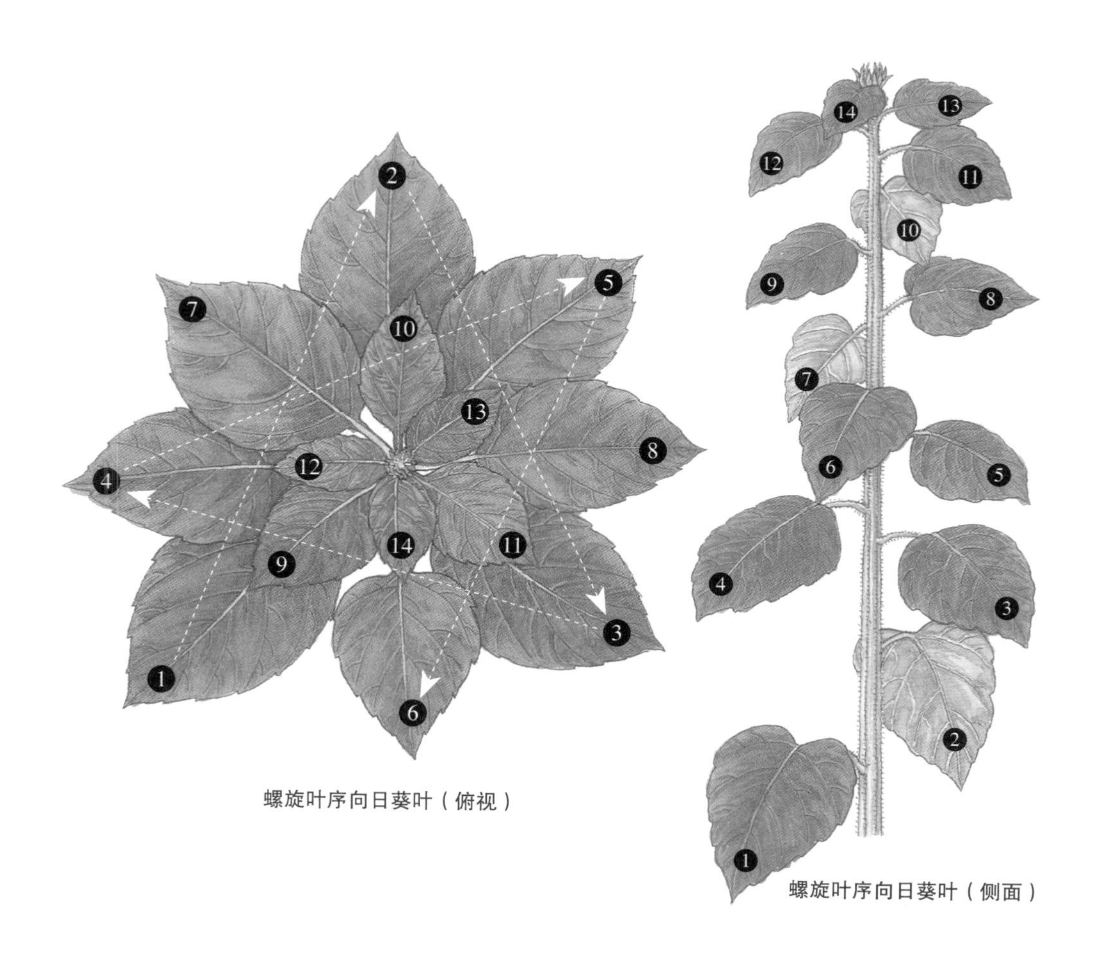


螺旋叶序向日葵叶（俯视）

螺旋叶序向日葵叶（侧面）

案是互生，而且旋涡形状的螺旋叶序是最受欢迎的。

互生植物相邻的两张叶片呈一定角度打开。两片叶子朝向阳光打开的角度，在植物学上取打开的“开”字，称为开度。

我们来进一步了解一下螺旋叶序的开度吧。依然以向日葵为例。枝干最下端的叶子是最初长出的叶子。我们把这片叶子定为叶片 1。叶片 2 位于叶片 1 上方并稍微错开。叶片 3 同样与叶片 2 略微错开。14 片叶子以这样的方式向上依次排开。

下面，从最上端的叶子开始依次用线连起来，画出来的线条看上去就像一个旋涡，像螺旋形的楼梯一般向上盘旋。在这种叶序中难免会出现完全重叠的部分。图中叶片 1 与叶片 9 是完全重叠的。但是，此时两片叶子之间间距很长，而且越往上叶片越小，所以不必担心叶片 1 会被遮挡。这样的事实很令人震惊吧？植物拥有卓越的建造技术，让家中的每一个角度都能够见到阳光。所以说植物并不是随随便便生长的，它们严格遵守建筑规范，一片一片地建造自己。

可见，植物称得上是当之无愧的建筑达人了吧？植物们为了让叶子最大限度地受到阳光的照射，又不对邻居造成影响，所以才做出如此优秀的设计。所以，我们可以认定任何植物的生长都不是随意而行的。不仅植物如此，人们之所以会不断研究世间万物，就是因为坚信没有什么东西是自然产生的，因此才会尝试去发掘其中的奥秘。

##  完全叶与不完全叶

既然我们已经知道了多片叶子是按照叶序排列的，下面我们来仔细研究一下单片的叶子吧。叶子分为叶片、叶柄和托叶三部分。

叶片就是我们常说的叶子，指叶最宽的部分。叶柄又称为叶蒂，指叶片与茎秆相连的部分。根据植物种类的不同以及叶片位置的不同，叶柄的长度以及形状都会有所不同。托叶是指生长在叶片与叶柄相连部位的小叶片，一般托叶在植物生长过程中较早脱落。

叶片、叶柄和托叶三部分全部具备的叶，称为完全叶。除此之外的情况称为非完全叶。比如说，有托

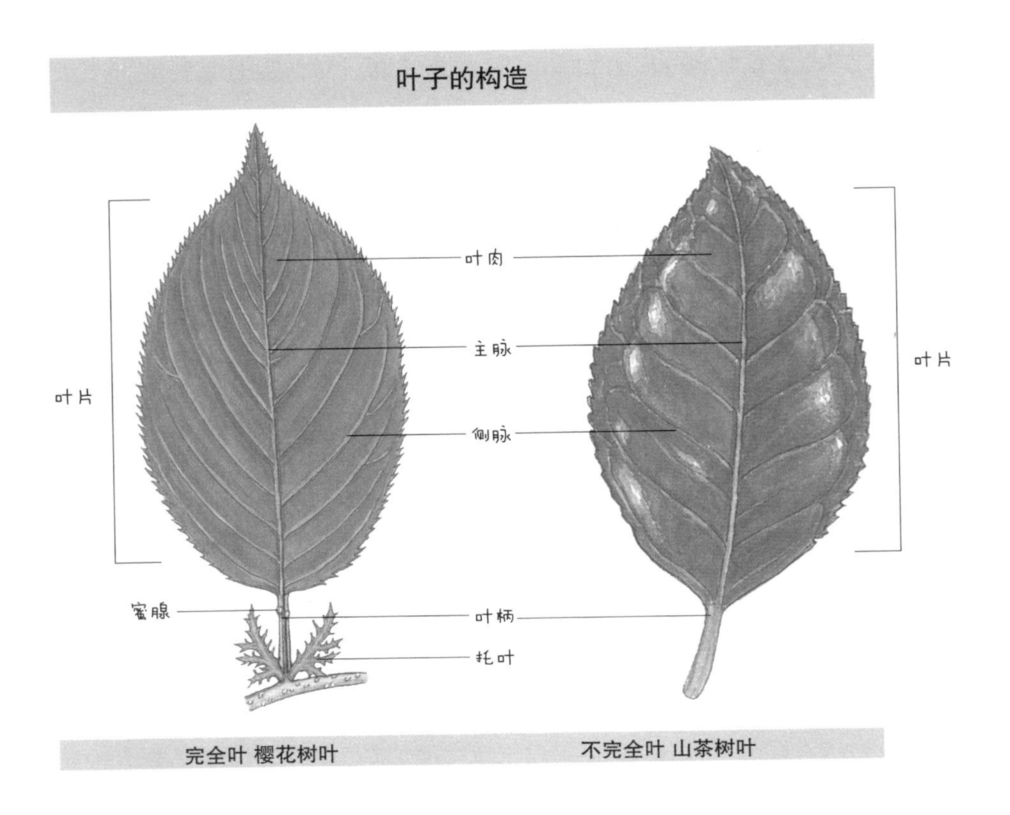


叶的樱花树叶与玫瑰花叶就是完全叶，而没有托叶的山茶树叶和黄瓜叶是非完全叶。

## 平行脉与网状脉

下面我们来仔细观察一下叶片吧。人有正面与背面，叶片也有正面与背面。叶片的正面大多呈深绿色，触感光滑，仰望着天空；叶片的背面颜色较浅，质感粗糙，俯视着地面。

叶片上分布着粗大鲜明的复杂线条。山的骨架称为山脉，叶子的骨架就称为叶脉。叶脉里流动着水分和其他营养成分。它是叶片里的通道，也称为叶片的“维管束（分为木质部与韧皮部）”。

叶脉中的木质部与韧皮部

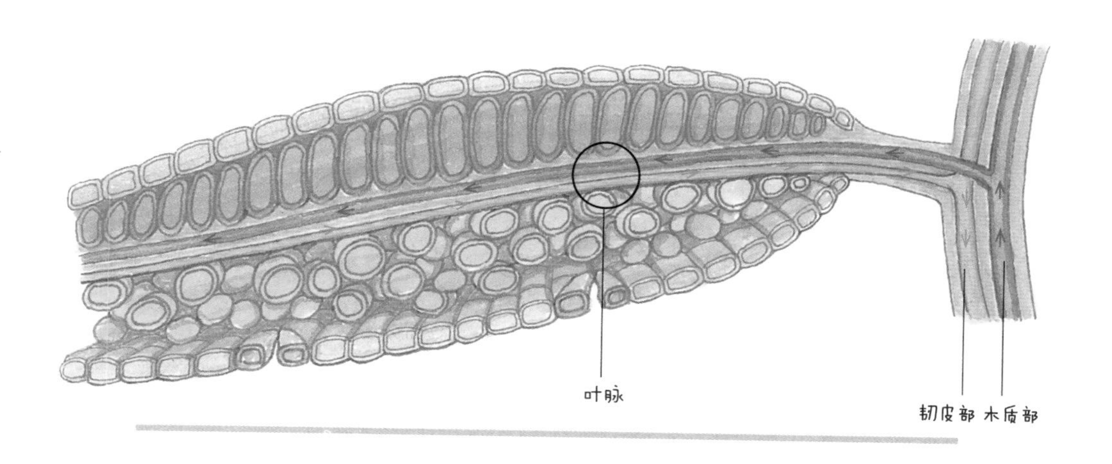

只剩下叶脉的叶子

图中叶子的维管束与茎秆的维管束是相通的。当然也必须是相通的。试想一下，水分与营养成分通过茎秆中的导管从根部向上输送，进入叶脉中的导管，然后进入叶片中的每一个细胞中。反过来，叶细胞制造树液，树液经由叶脉中的筛管，输送至茎秆中的筛管，最终到达根部的筛管。

叶片上除去叶脉的部分称为叶肉。叶肉是填充在叶脉与叶脉之间的绿色细胞。这些细胞接受阳光的照射，制造植物生长所需要的营养元素。“用阳光合成能量”的光合作用就是在这里进行的。

叶肉也是经常被虫子作为食物的部分。而且当叶子掉到地面上时，叶肉也是最容易腐烂的部分。但叶脉则不同，叶脉可以保持很长时间不腐烂。所以我们经常会看到只剩下叶脉的落叶。这样的落叶是世上绝无仅有的美丽边饰。

不过在植物的世界里还分为两个部落。它们分别是单子叶植物和双子叶植物，我们在前面提到过它们的子叶数量、茎秆内部构造、根部形状都存在明显的差异。现在再加上一条，叶脉长得非常不一样。

单子叶植物设计叶脉的手艺有些生疏。不对，应该说是设计得不那么复杂更恰当一些。单子叶植物的叶脉是竖直平行的。也许就是因为这个原因，单子叶植物的叶子很容易被撕开。这种叶脉被称为平行脉。香蕉、大麦、玉米、狗尾草、棕榈竹、蝴蝶花、水仙花、竹子的叶脉都属于平行脉。

而且法布尔认为香蕉的叶子是最可怜的。那么大那么宽的叶子，却那么容易被撕裂。因为叶脉呈竖直平行排列，即使不刮台风，这般被撕裂的可怜模样也是极为常见的。

与之相反，双子叶植物很清楚如何设计叶脉能够让叶子更加结实。它们非常聪明地把叶脉设计成了罗网状，所以叶子不容易被撕裂，而且非常结实。这样的叶脉称为网状脉。芸豆、白菜、生菜、南瓜、杜鹃花、凤仙花、车前草、秋海棠、蓖麻子等植物的叶脉都属于网状脉。

不过银杏叶的叶脉非常特殊。乍一看它的叶脉仿佛是平行脉，但仔细观察就会发现相同粗细的叶脉不是完全平行的，某些地方会出现“Y”字形的分叉。所以植物学家们为银杏叶的叶脉为代表的叶脉单独起了个名字叫“分叉状脉”。但这是非常特殊的例子。大部分的单子叶植物都是平行脉，大部分的双子叶植物都是网状脉。

而且，根据叶脉的形状，网状脉还可以分为很多类型。

第一类是像鸟儿的羽毛一般的羽状脉。羽状脉在叶片的中间有一条主脉（叶片中间最粗的叶脉），主脉四周还有很多侧脉（叶片中间最粗的叶脉上向两侧延伸出来的叶脉）向着叶片的顶端延伸。

第二类是像张开的手掌一般的掌状脉。掌状脉没有明显的主脉，由几根类似的叶脉向各个方向生长开

# 叶脉的种类

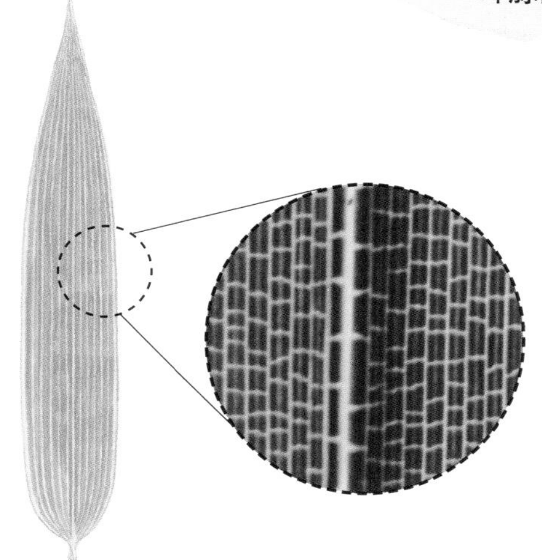

平行脉 竹叶

网状脉 南瓜叶

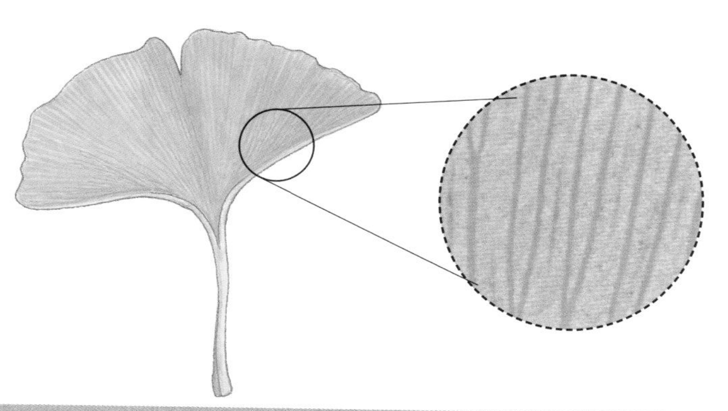

分叉状脉 银杏叶

羽状脉 榉树叶　　掌状脉 枫叶　　盾牌脉 荷花叶

来。枫树叶、七叶树叶、八角金盘叶（常绿灌木，中国长江以南地区广泛栽培）等都是掌状脉。

第三类是像盾牌一样，叶脉从中间向外生长的盾牌脉。盾牌脉的叶柄不是长在叶片的一端，而是长在叶片的中间位置。叶脉从这个位置向各个方向生长。旱莲叶、荷花叶等都属于盾牌脉。

## 叶片形状告诉我们的

除了区分叶脉的形状以外，还有许多方法可以对叶子加以区分。比如我们还可以根据叶片整体的形状、数量，上端的形状、下端的形状，边缘的锯齿形状等进行进一步的区分。比如说，以叶片的整体形状为标准就有针形、卵形、椭圆形、匙形、心形、戟形、箭形、肾形、倒卵形、三角形、长三角形、舌形、圆形、线形等。

按照数量叶片又可以分为单叶与复叶。一个叶柄上只生 1 片叶子的是单叶，生 2 片以上叶子的是复叶。比如说，梨树、葡萄树、枫树、银杏树、紫丁香、柳树、月桂

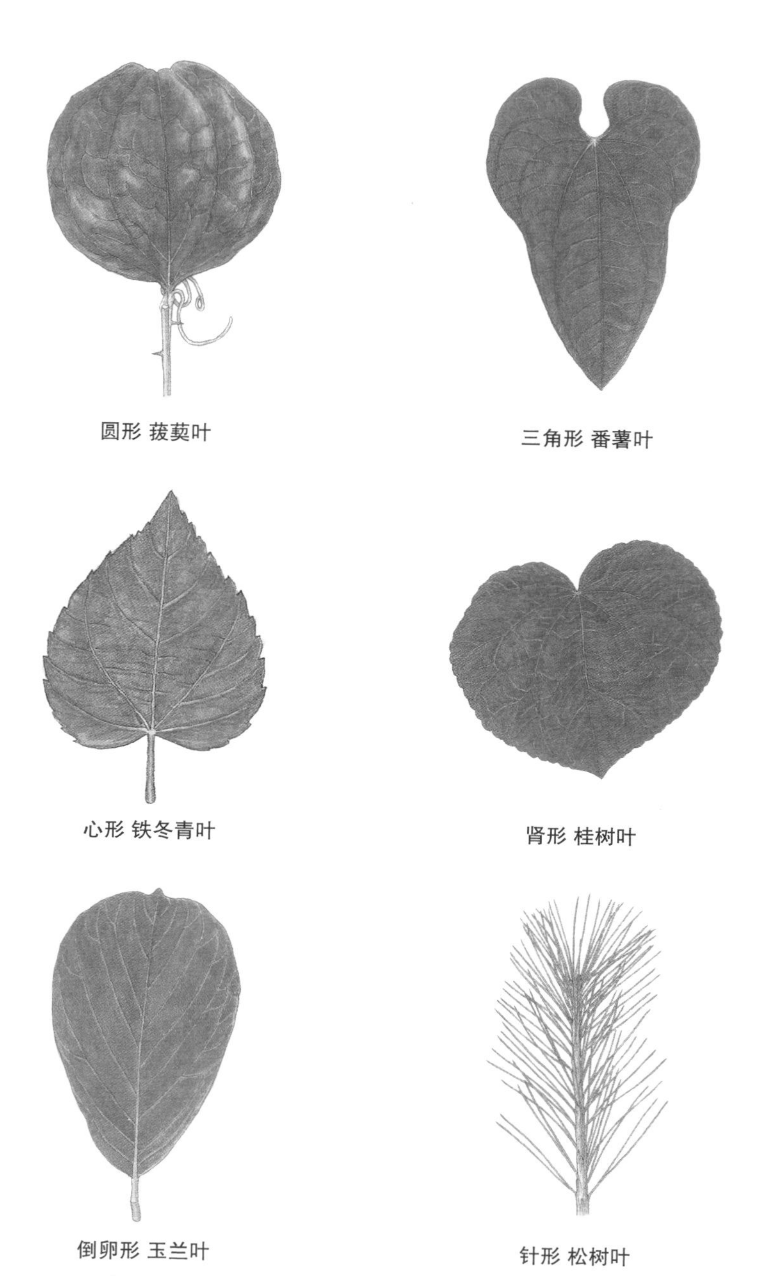

圆形 菝葜叶

三角形 番薯叶

心形 铁冬青叶

肾形 桂树叶

倒卵形 玉兰叶

针形 松树叶

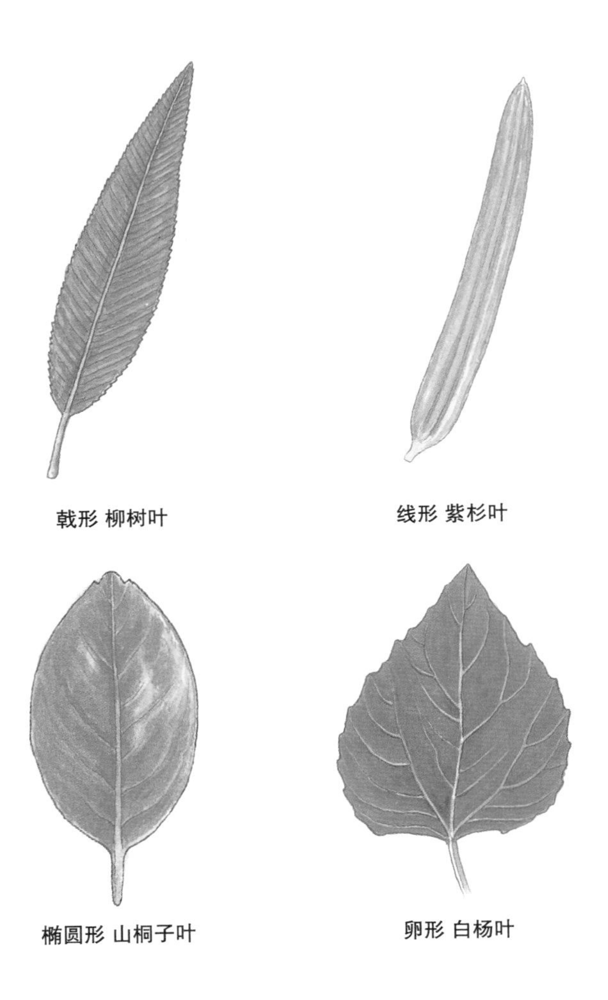

戟形 柳树叶

线形 紫杉叶

椭圆形 山桐子叶

卵形 白杨叶

树、秋海棠都属于单叶植物。而洋槐树、玫瑰、核桃树、胡枝子、七叶树、合欢树、柚子树都是复叶植物。

让我们来仔细观察一下单叶吧。单叶植物因为叶柄上只有一张叶片，所以感觉种类不会很多，其实不然。单叶的种类也是非常多的。

根据叶缘的形状，单叶植物可以分为全缘、波状、锯齿状、齿牙状等类型。柿子树、朝鲜丁香、月桂树、橄榄树、旱莲等植物叶缘没有齿缺，呈光滑的弧线，这种就是全缘。但是大部分叶子的边缘都存在一定程度上的齿缺。锯齿状又分为普通锯齿、重叠锯齿、锐锯齿、钝锯齿、细锯齿、重锯齿等。在这基础上，如果锯齿之间间距大一些就变成了牙齿形状，如果再大一些就变成

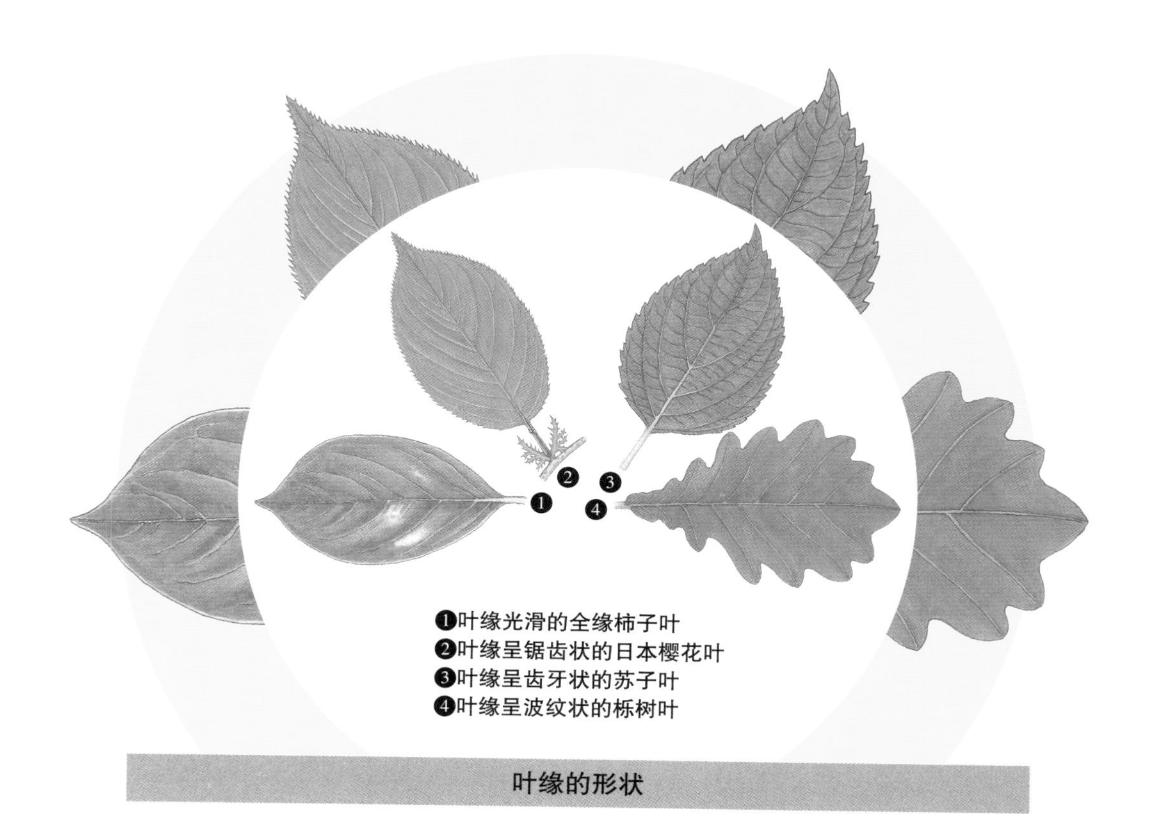


叶缘的形状

单叶与复叶

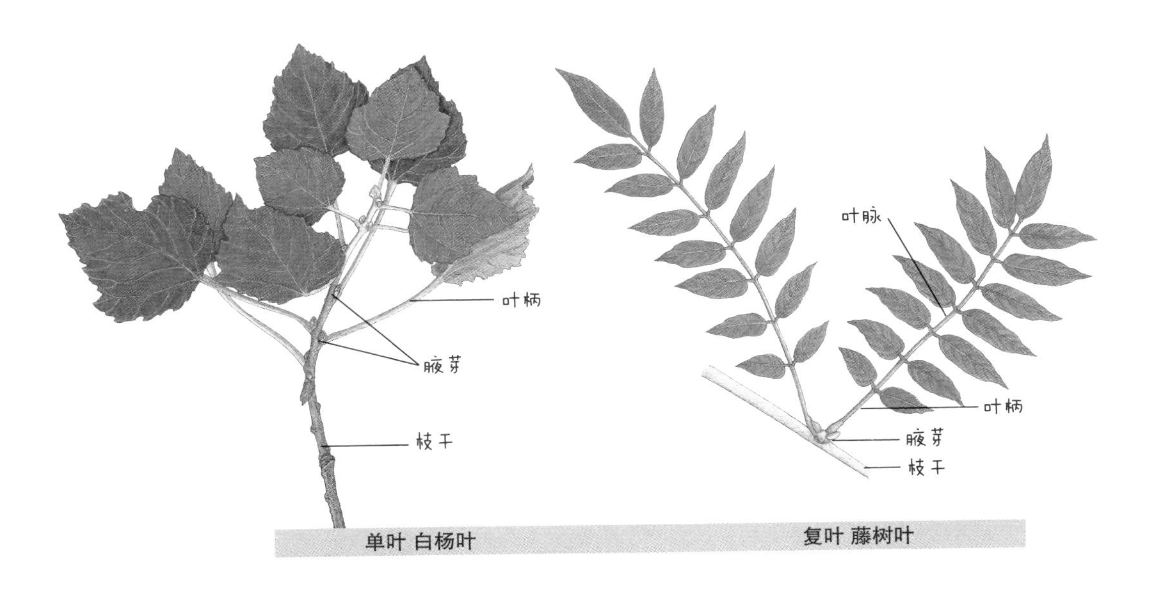

单叶 白杨叶　　复叶 藤树叶

了波纹形状。

而且根据叶缘裂开的程度还分为浅裂、深裂和全裂。叶片裂至叶肉 1/2 处称为深裂，开裂程度相对较轻的称为浅裂，叶片分裂至叶柄顶端的称为全裂。

下面我们再来了解一下复叶吧。复叶就是指许多张小叶片聚集在一起生长。我们身边最常见的复叶植物就是藤树或洋槐树了。藤树的 2 片小叶片面对面地生长，最顶端单独长1片小叶子，看上去好像是15片叶子平行地生长。但令人吃惊的是它们竟然是1片叶子。明明是15片叶子，为什么说是1片叶子呢？我们可以从茎和叶的特征中来寻找答案。首先，无论在什么情况下，枝干的末端都不会长叶子的，枝干只长花或腋芽，而且枝干一般不会自行脱落。把这些特征记在脑子里，然后再来观察藤树的叶子。叶子的末端没有开花，也没有长腋芽。到了秋天，不仅这15片叶子会脱落，那个看起来像是枝干的叶柄也会脱落。如果还是不明白的话，还有一个更简单的方法。仔细观察一下这15片小叶子，被人们看作叶腋的部位，却连一个腋芽都没有。那是因为腋芽只生长在叶腋上，所以这个整体就只是1片叶子。

换一种说法，藤树叶的一个叶柄上足足生长了15片小叶片。藤树叶如同骨架的叶柄就等同于其他植物叶子的叶脉（主脉）。而且叶片数为奇数，小叶子生长的形状就像鸟儿的羽毛一样，所以也称为“奇数羽状复叶”。胡枝子的叶子由3片小叶片组成，这样的叶子被称为“三出复叶”。

还有的叶柄顶端像手掌一样张开，这种类似于手

单叶 玉铃花叶　　三出复叶 胡枝子叶

掌的植物叫作“掌状复叶”。例如，七叶莲、预知子（落叶或半常绿藤木，生长于中国的江苏、湖北、湖南等地）都属于掌状复叶植物。

像这样形容叶片形状的词汇，加起来有300种以上。但是叶子们寻找到最适合自己的形状之后，就不会再轻易改变了。法布尔称植物不会制造流行，也不会追赶流行。

碰到这些关于叶片形状的术语，大家会不会感觉理解起来很困难呢？探索和学习神秘的植物世界是一

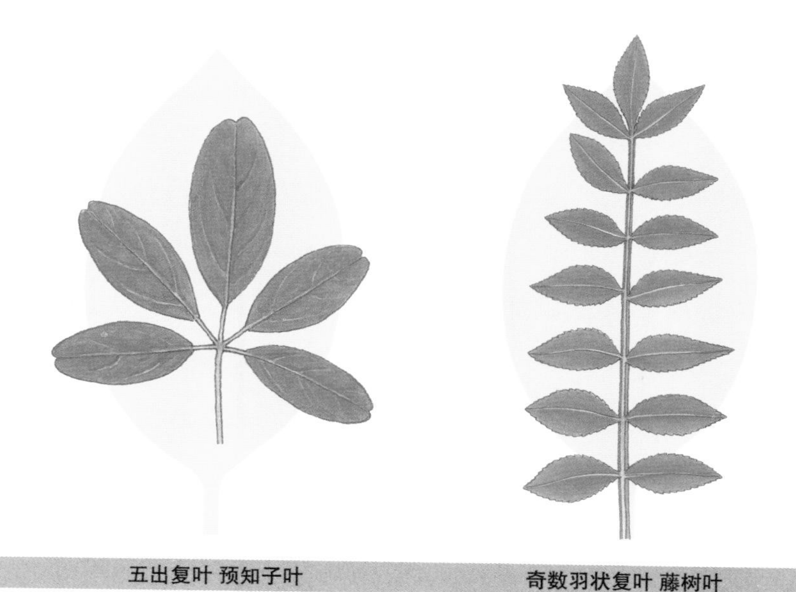

五出复叶 预知子叶　　奇数羽状复叶 藤树叶

件愉快的事情，但是在学习过程中遇到的这些词汇就令人非常头疼了。法布尔对此表示非常的遗憾：

“植物学家们随便找几个希腊语或拉丁语就往植物身上扣，所以才会出现那么多生疏的词汇，仿佛植物学不是关于植物的学科，而是一门关于术语的学科。我们需要重新思考一下这个问题。植物学家们运用一些难懂的术语，也不完全是他们的错。植物的种类千千万万，想要一一说明它们的特征，单单用生活当中的词汇去表达是远远不够的。”

因此，法布尔对这两条进入植物世界的道路都表示认可。一条是学者们开辟的严谨、孤独的道路。一条是适合普通人行走的有趣、大众的道路。法布尔恰好站在普通人的这条路上，竭尽全力尝试学者的那条路。所以他才努力想通过简单易行的方法，将人们引入美丽、神秘、深奥的植物世界。各位读者之所以能够读到《法布尔植物记》，正是由于法布尔做出了这些异于常人的努力。

## 叶柄与离层

下面让我们来观察一下叶柄与托叶吧。

叶柄位于叶片的末端，是叶片与茎秆相连的部分。叶柄利用维管束将这个部位牢牢地固定在茎秆上。叶柄在生长过程中会自然弯曲，让叶片向着阳光照射的方向倾斜。

杨树与白杨树的叶柄细长，绷得很直，即使只是微风吹过也会随风摇摆。所以，人们冻得直打哆嗦的时候，会被说成抖得像杨树叶一样。

白杨树

根据植物种类的不同，有的叶柄很长，有的很短，有的甚至完全没有。没有叶柄的叶子是直接生长在茎秆上的。图中的紫薇花就是没有叶柄的植物。

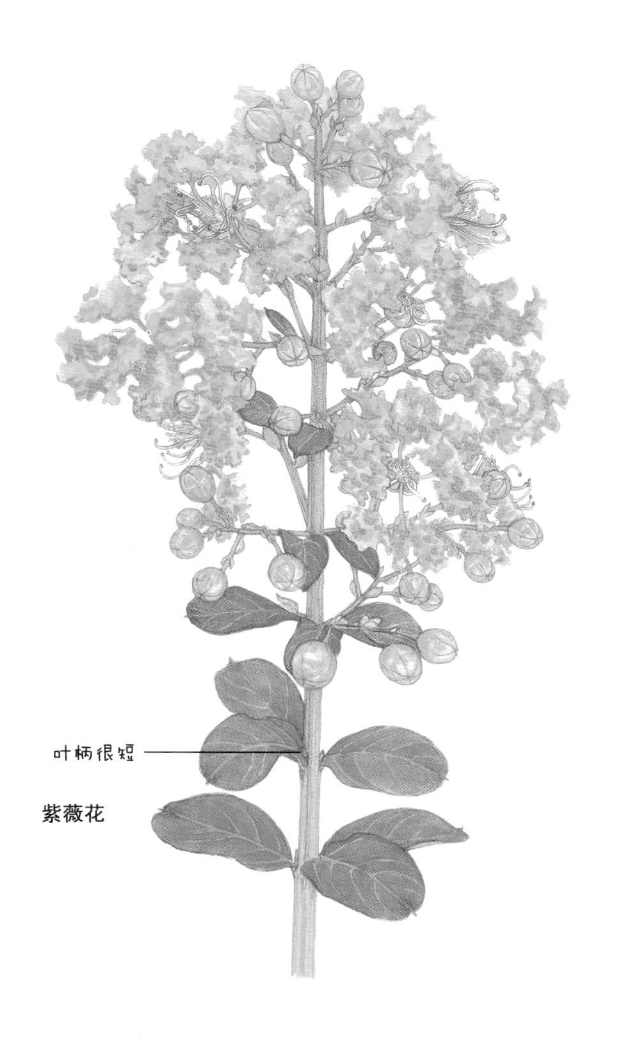


叶柄与秋天的落叶有很密切的关系。秋天，叶片在凋落之前，会在叶柄上制造一个“离层”，也就是叶片凋落的部位。夏天的时候，叶子的维管束与茎秆的维管束是相通的，但到了一定时间，离层就将两者阻断。而叶片制造的营养成分也因为离层的阻断无法输送到茎秆中，从而堆积在叶片里。久而久之，叶片里堆积的营养成分就会转变成为花青素。这种色素能够让叶片变红，这也是枫叶变色的原理。

既然提到了枫叶，我们就继续说下去吧！枫叶又称丹枫，丹枫的“丹”字很容易让人误以为枫叶只有红色，其实并非如此，不同的枫叶有着不同的颜色。那么，枫叶的各种颜色是如何产生的呢？离层生成之后，叶片由于失去水分与营养供给，无法再制造叶绿素。再加上叶片本身的叶绿素分解，叶片的绿色渐渐褪去，之前因为绿色的覆盖而没有显现出来的胡萝卜素、叶黄素以及单宁酸等色素开始逐渐显现出来。橘黄色枫叶是胡萝卜素的颜色，黄色枫叶是叶黄素的颜色。褐色或灰褐色的枫叶则是单宁酸的颜色。

但不是所有的植物都会制造离层。大部分的单子叶植物没有离层。看一看春天的田野就知道，春天的田野上不是只有新发芽的绿色植物。

冬天发黄死去的紫芒（多年生草本植物，生长于中国吉林、河北、山东等省）或狗尾草依然在风中摇

枫叶变色的过程

秋天到了，枫叶开始慢慢变色。观察叶片的横截面就能够知道红色枫叶是如何炼成的。

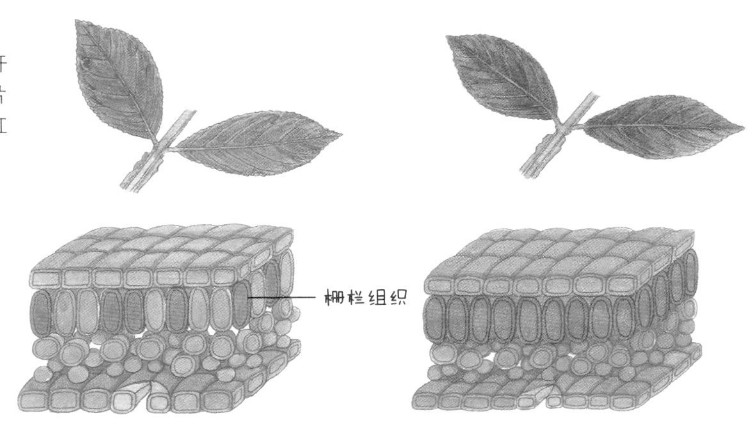


❶ 栅栏组织稀稀拉拉开始变红，叶片开始准备变红。

❷ 栅栏组织全部变红，叶片开始稀稀拉拉变红。

曳。双子叶植物中的柞树、栗子树、栎树等栎属树种的植物，发黄的叶片也依然挂在枝头。之所以会出现这样的现象就是因为它们不知道如何制造离层。尤其是栎属树种的植物，原本生活在南方温暖的地区，所以也不必非要制造离层让叶子脱落。

所以，栎树的叶子只有在大风席卷的时候才会被迫凋落，甚至春天发芽长新叶的时候，发黄的叶子还挂在上面。

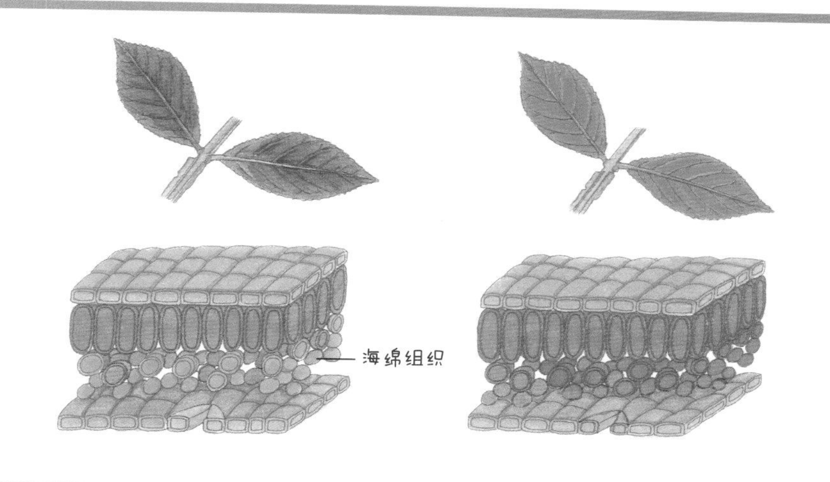


❸ 这时海绵组织开始变红，叶片几乎全部变成红色。

❹ 栅栏组织与海绵组织全部变红，叶片完全变红。

## 身兼数职的托叶

下面，我们来了解一下托叶吧。托叶是指茎秆与叶柄连接处长出的小叶子。根据植物种类的不同，有的有托叶，有的没有托叶。即使是有托叶的情况，托叶也会早早凋落。而且托叶的形状与大小也各有不同。

大部分托叶的任务都是保护幼小的叶片，或者是辅

**小米空木（面条树）**

常见于森林边缘地带的树木。每年5月会开出白色的花朵。小米空木的枝干在生长过程中会出现白色的部分。用棍子搓白色的部分会出现面条一样的细条，所以也叫作“面条树”。

助叶片成长。必要的时候托叶还会变身成为卷须或刺。

下面来看看托叶与叶片的关系，有的植物托叶与叶片隔开了一段距离，例如樱花与小米空木。

有的植物托叶与叶片是相连的，像穿叶蓼（多年生蔓性草本，生长在湿地、河边及路旁，分布在中国吉林、黑龙江省及华北等地）的托叶就像围巾一样环绕着茎秆。

有的托叶形状长得格外张扬，它们变成卷须或

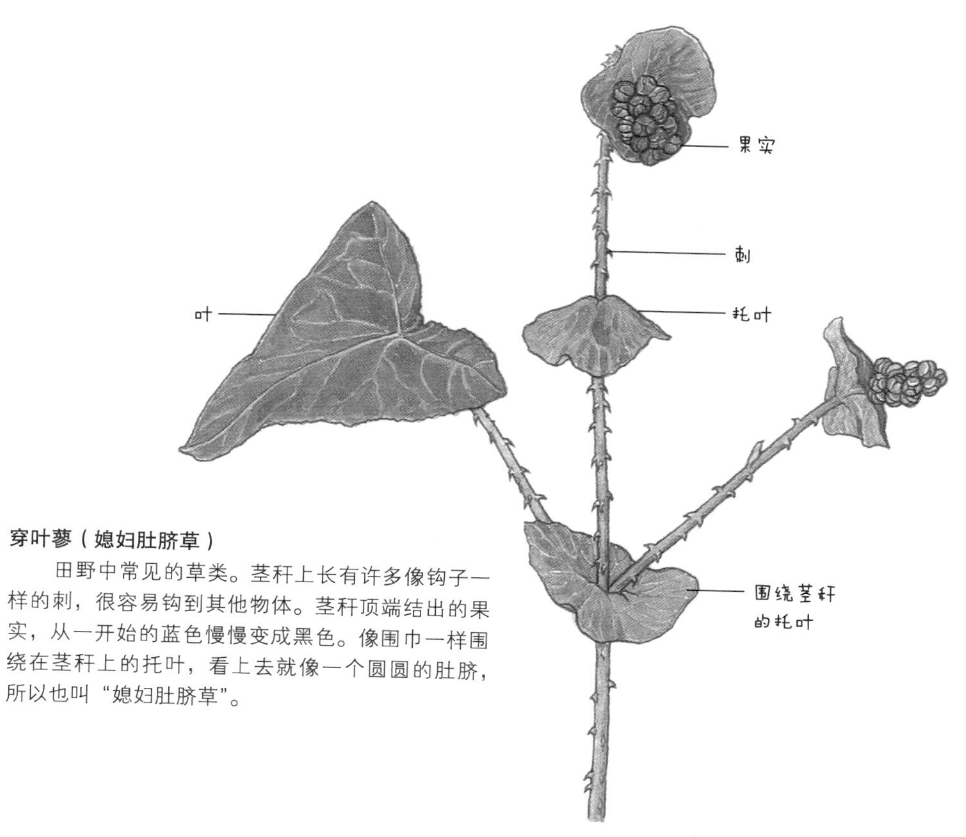


**穿叶蓼（媳妇肚脐草）**

田野中常见的草类。茎秆上长有许多像钩子一样的刺，很容易钩到其他物体。茎秆顶端结出的果实，从一开始的蓝色慢慢变成黑色。像围巾一样围绕在茎秆上的托叶，看上去就像一个圆圆的肚脐，所以也叫“媳妇肚脐草”。

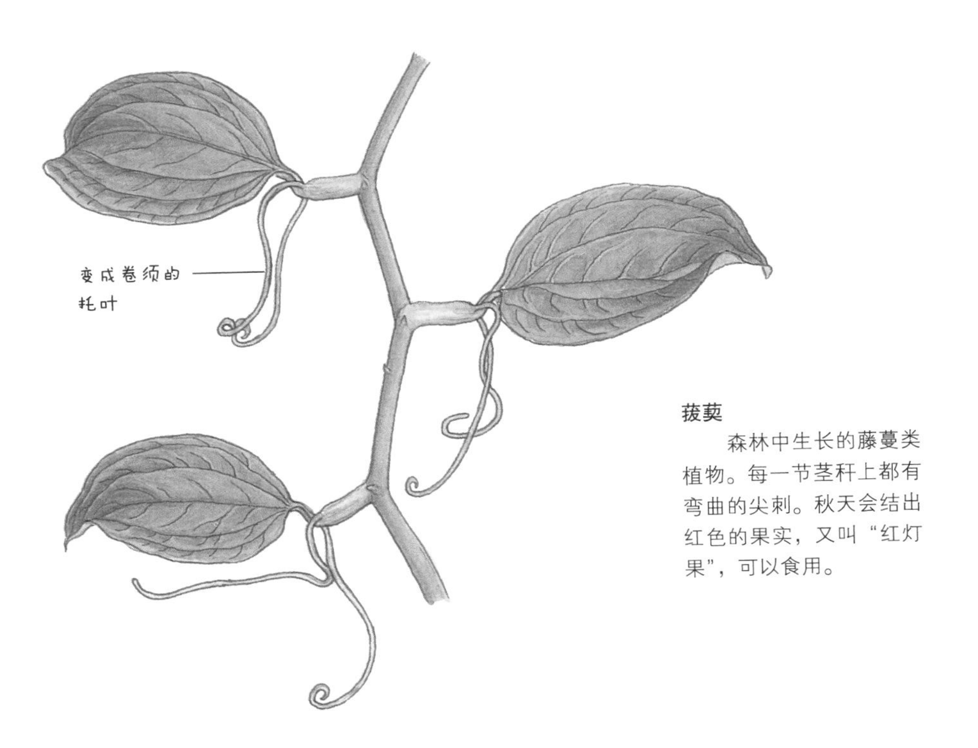


**菝葜**

森林中生长的藤蔓类植物。每一节茎秆上都有弯曲的尖刺。秋天会结出红色的果实，又叫“红灯果”，可以食用。

刺，帮助植物生长。卷须一般是绳子或线的模样，所以周围的一切物体都可以用来攀援。如果没有托叶变成的卷须，菝葜在森林中的生存就会变得非常艰难。另外，像洋槐树和枣树的托叶会变成刺。托叶一旦变成尖刺，任何动物都无法随意触碰植物的叶片，这可以对植物起到保护作用。

有的托叶如前文所说，外形非常突出，也有的托叶直接变成了其他器官，但是大部分的托叶还是非常不显眼的，并且脱落时间都较早。虽然托叶看似只是附带的部分，但其实植物所有的组成部分都有其存在的意义。

如果没有托叶，植物就无法正常生长，茎秆和枝干的作用就更不用说了。如此渺小的托叶也有其存在的意义，并且蕴涵着丰富的生命奥秘。因此只有当叶片、叶柄以及托叶各自完成自己的使命时，叶子才是完整的。

这个话题就告一段落，刚才讲托叶的时候，提到了关于变身的问题，下一章中我们来仔细讲一下吧。

# 植物的华丽变身

在成长的同时不断修饰自己的模样是
昆虫们选择的生存方式。
但植物世界中也在不断上演着
植物华丽变身的故事。

## 植物王国里的精灵

在成长的同时不断修饰自己的模样是昆虫们选择的生存方式。昆虫从虫卵到幼虫，需要经历很多次的蜕变。但是令人感到意外的是植物经历的蜕变次数也不少。除了上面提到的菝葜的托叶变成了卷须以外，还有许多这样的例子。这仿佛是魔法一般，但它确确实实就发生在我们的眼前。法布尔看到植物蜕变的模样，联想到了《灰姑娘》中的精灵。虽然我们看不到精灵的存在，但这有精灵登场的魔法故事依然在植物世界中不断上演。

## 随心所欲改变叶子的植物

黄瓜不断地把侧枝与叶子变成卷须向上攀爬。但是黄瓜一旦结了果实，身子就变重了，为什么还要向上生长呢？这是光合作用的缘故。

大部分的植物在条件允许的情况下都想得到更多

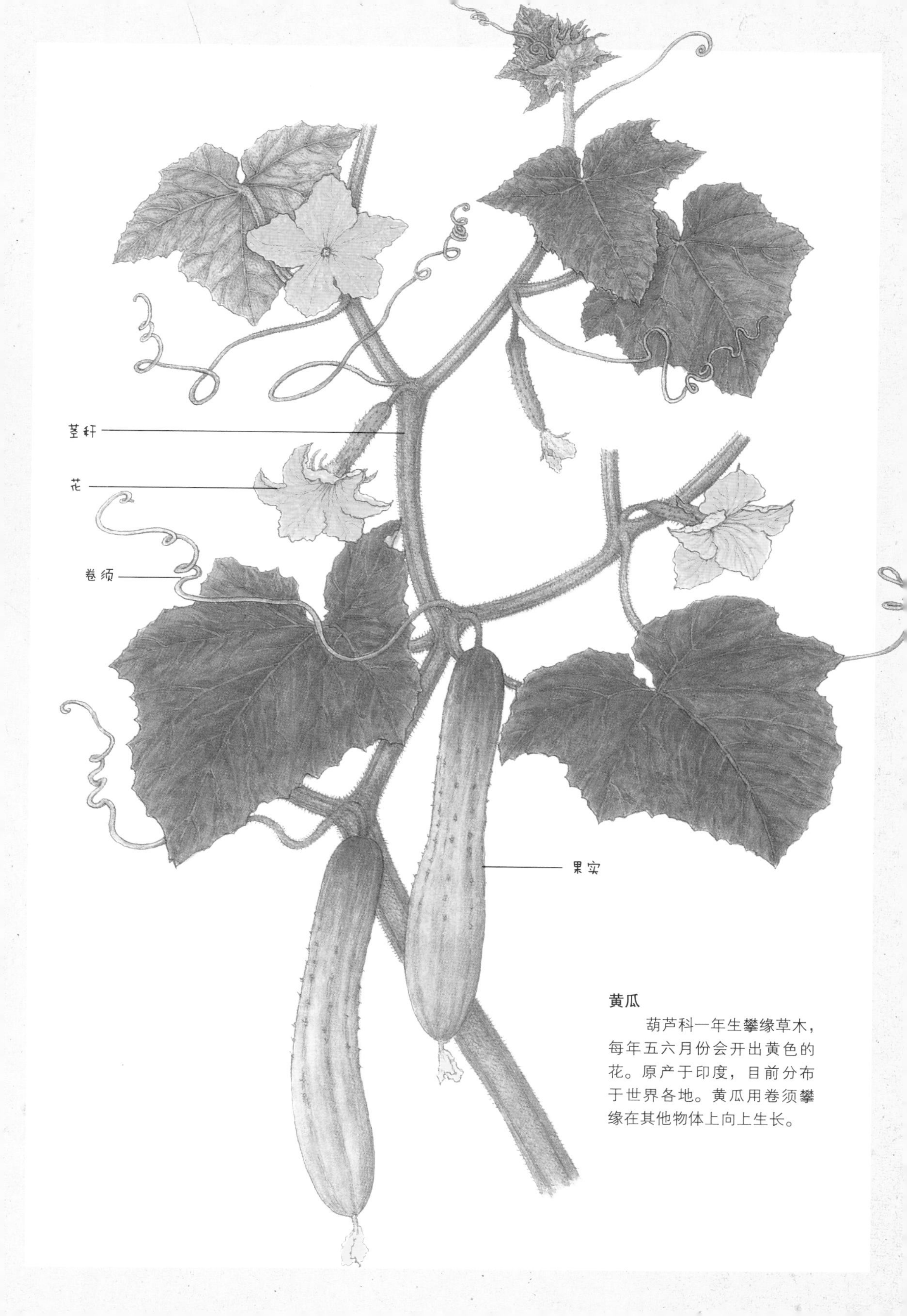


**黄瓜**

葫芦科一年生攀缘草木，每年五六月份会开出黄色的花。原产于印度，目前分布于世界各地。黄瓜用卷须攀缘在其他物体上向上生长。

阳光的照射，所以要让枝干和叶片向更高更宽阔的地方生长，以获得更充足的养分。黄瓜为了让自己向更高的地方生长，于是把侧枝与叶子都变成了卷须。而且这卷须可比它看起来的样子结实多了。不管结多少根黄瓜，卷须都不会轻易折断。

**山莓花　放大**

在小小的空间里聚集了许多花朵。

**山莓花**

6 月开花，10 月结出像草莓一样的红色果实。因为生长在山上，果实又酷似草莓，所以得名山莓。果实味甜，可以食用，也可以入药。

但植物不能为了进行更多的光合作用都长出卷须来。这样的话，植物世界就变成了藤蔓纠缠的奇怪的世界了。光照充足的树木就是不需要卷须的，取而代之的是为了弥补自己的缺点或战胜环境而进行的其他形式的蜕变。

## 取代花朵的苞叶，吸引昆虫的叶子

山莓花将叶片变成了苞叶。苞叶是指花底端的小叶子。

山莓花苞叶仿佛初生婴儿的襁褓一般，用4片白色的苞叶将花朵包裹了起来。乍一看白色的苞叶仿佛是花瓣一般，而真正的花朵看起来却像是雌蕊或雄蕊。山莓花是花序中间圆圆的部分，小花们聚集在一起。花瓣有是有，但是非常小，几乎看不清楚，呈现淡淡的黄绿色。

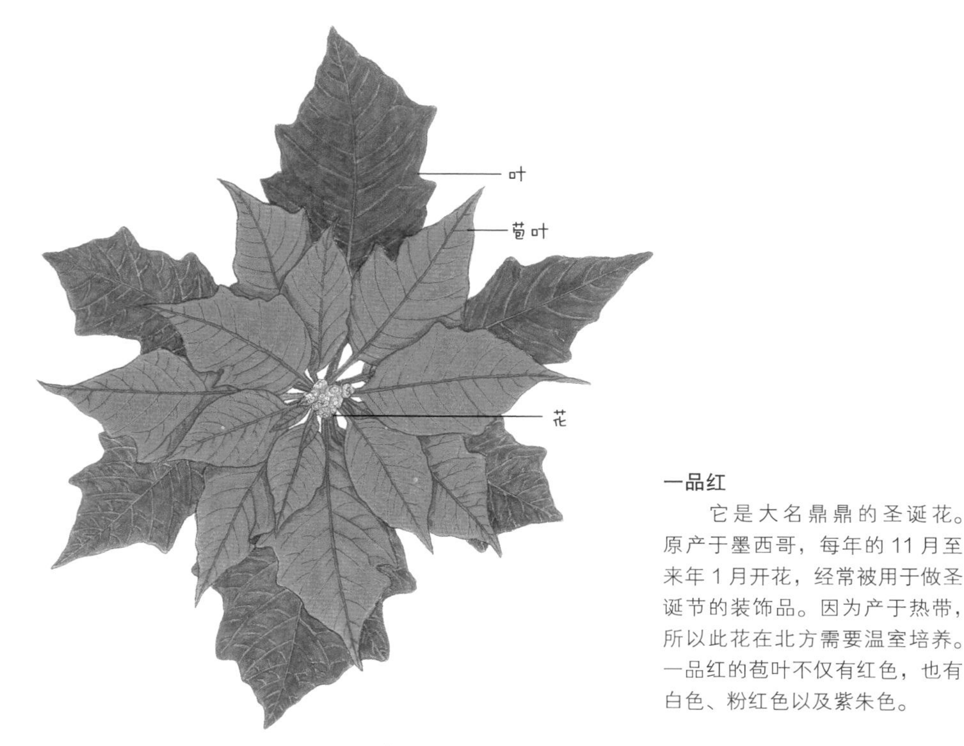


**一品红**

它是大名鼎鼎的圣诞花。原产于墨西哥，每年的11月至来年1月开花，经常被用于做圣诞节的装饰品。因为产于热带，所以此花在北方需要温室培养。一品红的苞叶不仅有红色，也有白色、粉红色以及紫朱色。

山莓花之所以会把叶子变成花苞是为了吸引昆虫。在百花盛开的五六月份，想要用这看都看不清楚的小花吸引昆虫，几乎是不可能的。

一品红的红色花瓣其实是苞叶，而那个看起来像是雄蕊的东西才是真正的花朵，这同样是因为真正的花无法吸引昆虫前来。所以为了吸引昆虫大驾光临，一品红将叶子变成华丽的苞叶。

## 抓虫子的叶子

但是上述叶子的变身跟猪笼草比起来可都是小巫见大巫了。在植物的变身中最出彩的要数猪笼草了。猪笼草多生长在婆罗洲等热带地区，英文名称带有“壶状植物”或“猴子笼”的意思。这些名称都来源自猪笼草的长相。猪笼草的茎秆顶端长着一个用来捉虫子的“罐子”，这个“罐子”就是由叶子变形而来的。因为生长在营养成分极为匮乏的地区，所以为了抓些虫子来补充营养，猪笼草就把叶子变成了抓虫子的罐子。因为这个叶子是“抓昆虫的叶子”，所以取

捕捉的“捕”、昆虫的“虫”以及叶子的“叶”，合称为“捕虫叶”。

捕虫叶的上端还有一个盖子，这个盖子晚上关闭，白天打开。而且下雨天的时候，盖子也会关闭以防止雨水进入。如果昆虫不小心进入这个罐子就无法逃脱出去了，因为罐子内壁上布满了黏液。挣扎着想要逃出去的虫子，耗尽体力之后就掉在了罐子底端。这里积满了液体。这种液体是雨水，还是露水？都不是。这种液体可是具有强酸性的消化液。

因为有了这个消化液，猪笼草才能把昆虫消化掉，所以罐子里的消化液对于猪笼草的生长而言，具有至关重要的意义。但是这种消化液白天会大量地蒸发，还有一些是被猪笼草自己喝掉了，猪笼草为了保证消化液量的充足，晚上才会合上盖子。

像猪笼草这样靠吃昆虫为生的植物，它们生存的地方通常养分匮乏，土地贫瘠。大片的沼泽地或者湿地里，虽然水分充足，但是缺乏像氮素这样的营养成分。再加上邻居们都是参天的大树，猪笼草接受不到充足的阳光照射。也就是说，在土壤不够肥沃的情况下，不能随心所欲地进行光合作用，在如此不利的条件下，为了获取营养存活下去，猪笼草才会抓来昆虫用消化液溶解，以此补充匮乏的氮素。其实，那些靠吃昆虫为生的植物，不吃昆虫也可以存活，但是无论是从大小、高度还是光泽上来讲，都不如吃昆虫长大的植物。

## 植物的武器——刺

仙人掌将自己的叶片通通变成刺，密密麻麻地包裹在身上，看上去就像一只刺猬。那么仙人掌是为了保护什么才将叶片都变成刺的呢？是果实，还是花朵？

都不是。仙人掌真正要保护的对象其实是水。仙人掌茎秆的构造就像一块海绵，用于长期大量地保存水分。

**仙人掌**

叶子变成尖刺，而且不像其他植物的叶片一样呈现绿色，因此无法进行光合作用。但整个茎秆都是绿色的。叶子无法进行的光合作用由茎秆来代替完成。

**仙人掌茎秆内侧**

观察仙人掌茎秆内侧会发现里面蓄满了水分。因为生长在水分匮乏的沙漠，所以需要茎秆这样能够储藏水分的器官。

茎秆好不容易蓄积起来的水分，可不能因为叶子而受到损失。在沙漠中，如果植物的叶片太大，水分大量损失是必然的。因为叶片的蒸腾作用是不间断的，这个过程中水分会流失在空气当中。因此，将叶片变成刺，能够最大限度地减少水分的流失。仙人掌为了保护自己，防止动物啃食茎秆，从这个角度来看，刺对于它而言也是必不可少的。

既然叶子变成了刺，那么叶子的任务由谁来代替完成呢？答案是茎秆。也就是说，仙人掌的光合作用是由茎秆来完成的。

在仙人掌身上我们可以了解到，对于静止不动的植物而言，没有比刺更好的武器了。老虎刺的叶脉变成了刺，也就等同于叶脉长到了叶片外面。叶片的边缘长出许多尖刺，那样子该有多么可怕。这样的刺像老虎的牙齿一样，所以才会给它取名叫老虎刺。

既然有将叶子变成刺的植物，那么也有将枝干变成刺的植物。皂角树又名皂荚树，原产于中国沙漠地区。为了不让骆驼吃掉树叶或果实，皂角树在骆驼的身高范围内长满了刺，这个高度以上的部分不再长刺。

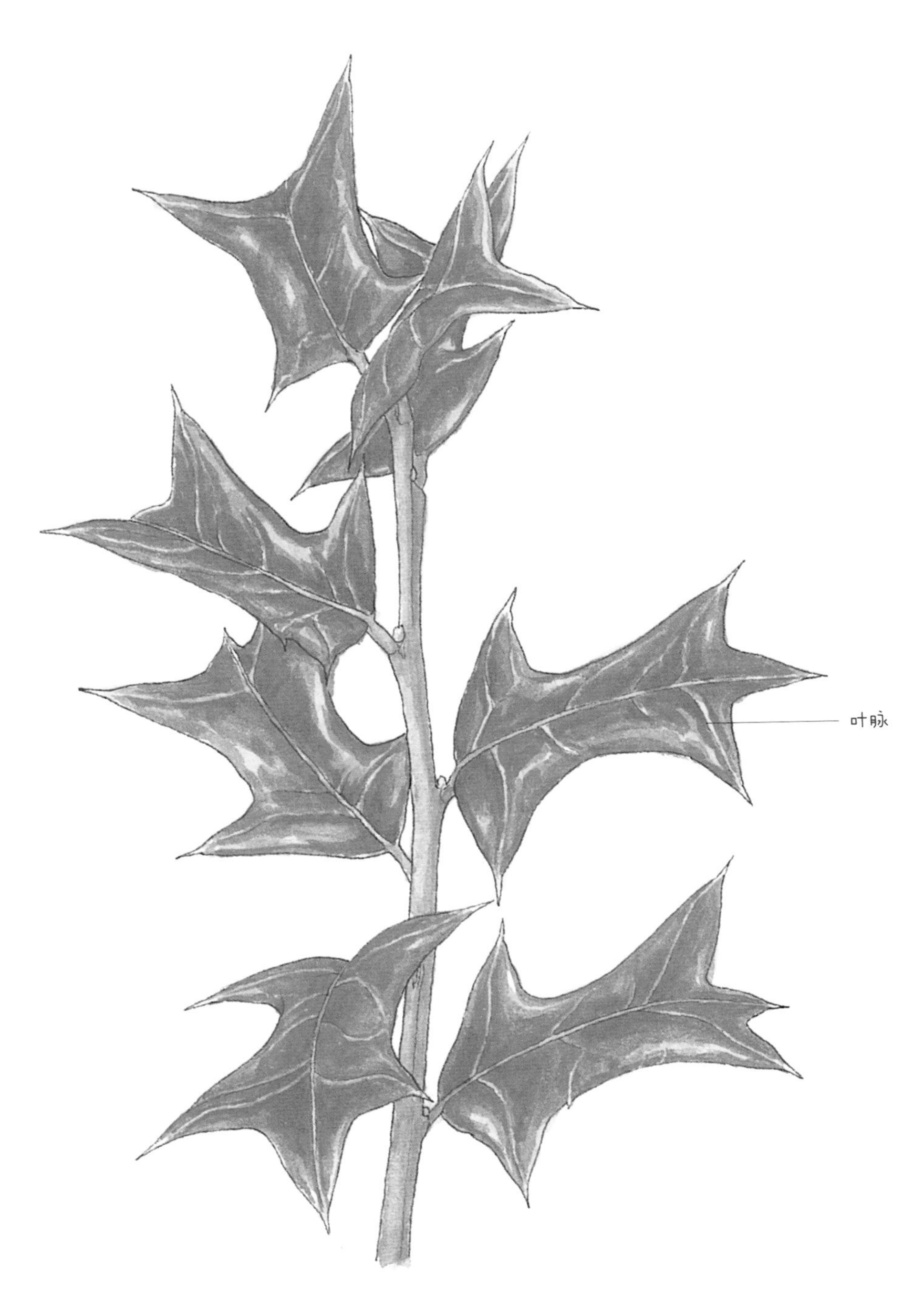


**老虎刺**

叶脉一直延伸连接着刺。叶脉变成了刺。

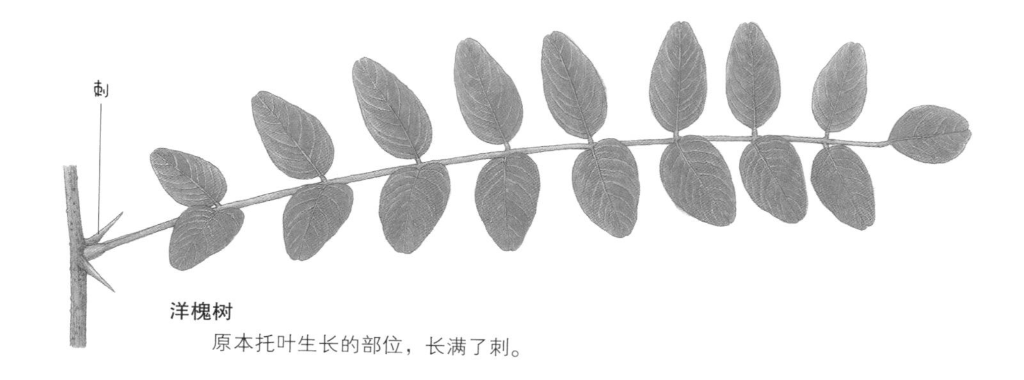


**洋槐树**

原本托叶生长的部位，长满了刺。

还有其他的情况。例如，将托叶变成刺的洋槐树。洋槐树为了保护自己不成为动物的粮食，所以将离叶片最近的托叶变成了刺。枣树的叶柄底端也有两根刺，这也是由托叶演变而来的。

虽然植物们长出刺来想要保护自己，但是人类的双手却比刺更加可怕。梨树和木瓜树在野生时期都带有武器，也就是说它们都长有刺。但是人类将其作为果树培养之后，它们渐渐失去了本来的模样，把枝干变成刺的习惯完全被遗忘掉了。现在这两种树木经过人类的栽培，凶狠的尖刺变成了温顺的枝干，这是人

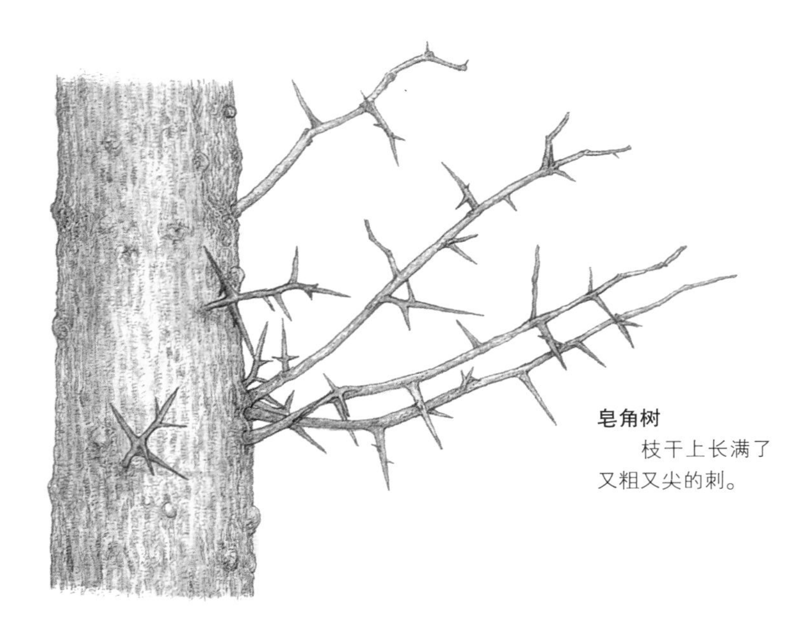

**皂角树**

枝干上长满了又粗又尖的刺。

类与大自然的合作。

这样看来动物和植物真的有很多共同点。植物也像动物一样会改变自己，为了保护自己还制造出像刺这样的武器。但植物和动物的共同点难道就只有这一个吗？我们在后面会继续讨论。

# 3

# 植物的睡眠

动物到了晚上需要睡眠，

植物也需要吗？

可是从外表上很难分辨，

植物到底有没有睡眠时间。

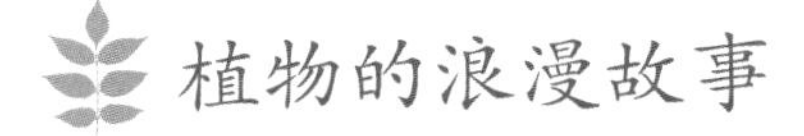

# 植物的浪漫故事

法布尔讲过一个有趣的寓言故事。在很久很久以前，动物和植物都很满意上帝赐予自己的生活方式，它们各自过着自足的生活。但是突然有一天，植物开始羡慕起动物的生活来。

生长在腐烂的老杨柳树洞上的蘑菇对邻居苔藓吐露了自己的心声。

“苔藓啊，如果可以的话，我真的很想离开这里。”

听到这句话，苔藓也打开了话匣子：

“我也对这个地方感到腻烦了。我想跑去小溪边，尽情地喝干净凉爽的溪水。”

这时，树丛里的繁缕花也插了一句：

“真的好羡慕可以在天空自由飞翔的金翅雀。”

毛茛、野蔷薇、枸骨（老虎刺）也纷纷叹息道，它们也厌烦了森林里的生活。冷杉和橡树这些大树也表示不满，希望自己可以大步大步地行走。于是，森林变得异常喧闹。植物们向上帝抱怨，希望它们可以动起来。

森林变得越发吵闹，上帝终于派了精灵来听取植物们的愿望。精灵先问了大树们的愿望是什么。但是刚才还大喊大叫的大树们，突然不知所措地低下头，闭紧了嘴巴。

但是灌木们（一般指高度低于人类身高的树木）和小草们却没有退缩，因为它们的生活异常艰苦。大树把阳光都挡住了，使它们无法接受阳光的照射，而且也无法吸收充足的水分。它们始终坚持自己的想法，希望上帝可以赐予自己行动的能力。听完它们的想法，精灵呵呵地笑了起来。

“你们想像动物一样生活，是吗？那么，你们知道动物是如何生活的吗？首先，动物需要睡眠。因为如果动物不休息，一直活动的话是会累死的。而且如果动物不吃东西就没有力气活动，所以它们每天都要到处寻找食物，有的时候甚至会吃掉自己的同类。更何况，动物还不能像植物一样长寿。但是你们却不需要休息，不需要寻找食物，可以舒舒服服地活上几百年。你们真的希望像动物一样生活吗？”

听了精灵的这番话，还是有几株植物执意要像动物一样生活。

“那就没有办法了。既然你们真心如此，我就让你们当一回动物。那么，先来感受一下睡眠是什么吧。”

精灵用手指划了几下，一直嚷嚷的植物就进入了梦乡。叶片突然变得没有力气，叶柄也瘫倒在了枝干上。花瓣都耷拉了下来，仿佛是受到了强烈的光照枯萎了一般。在一边看着的植物们都吓了一跳。这时精灵开口说：“现在从睡梦中醒来，睁开眼睛吧。各位的愿望成真了，还满意吗？”

听到这句话，从睡梦中睁开眼睛的植物，对自己的变化感到十分吃惊。精灵又接着说：“如果想要像动物一样生活，不光要睡觉，还要活动起来。但是行动比你们想象的要困难许多。你们可能会摔倒，枝干会因此而折断，根也可能会撞到石头而受伤，有的时候甚至会滚下悬崖。动物们从它们的父母身上学到了行动的技巧。但是各位却需要自己来学习。”

听到精灵的话，植物们纷纷看了看彼此的神色。这时一棵小草站了出来，它是非常非常小的一棵小草。这世上总是有一些一无所有又毫不起眼的人会在关键时刻鼓起勇气。

精灵对这棵草动了动手指，于是奇迹就发生了。

小草开始动起来了，起初只是叶片出现了小小的颤动，最后整个身体都晃动了起来。但是所有颤动的叶片都发出了惨痛的叫声。这时小草才明白过来，动起来也许不代表新生活的开始，很可能会带来难以承受的痛苦……

精灵又动了动手指，小草恢复到了之前的样子。小草对朋友们说动起来是多么痛苦，那种痛苦是多么难以承受。听到这些话，植物们的心动摇了。最终，森林里的所有植物都认为继续目前的生活才是最幸福的，它们决定放弃变成动物的想法。

完成任务的精灵，微笑着回到天空。森林重新恢复了平静，一切都恢复正常。但是独自尝到疼痛滋味的小草，有风吹过的时候依然会蜷缩起来。人们给这棵勇敢的小草起了个名字叫“含羞草”。

## 尝过痛苦滋味的含羞草

虽然前面的文字不过是一个寓言故事，但植物与动物存在诸多不同之处也是不争的事实。让我们来试想一下，白菜和猫，橡树和牛……几乎是完全不同的个体，所以不会有人把白菜说成是猫。确实如此，植物跟动物看起来实在没有什么相像的地方。但真是这样的吗？事实并非如此。如果对植物世界进行仔细深入的观察，会发现其实植物和动物还是有相像之处的。

类似于珊瑚虫这样的生物就很难辨别，它到底是植物还是动物。不然从前的人怎么看到像花一样盛开的珊瑚虫，会认为它是植物呢？向大海深处一眼望去，也有很多生物让人们难以辨别它们究竟是植物还是动物。

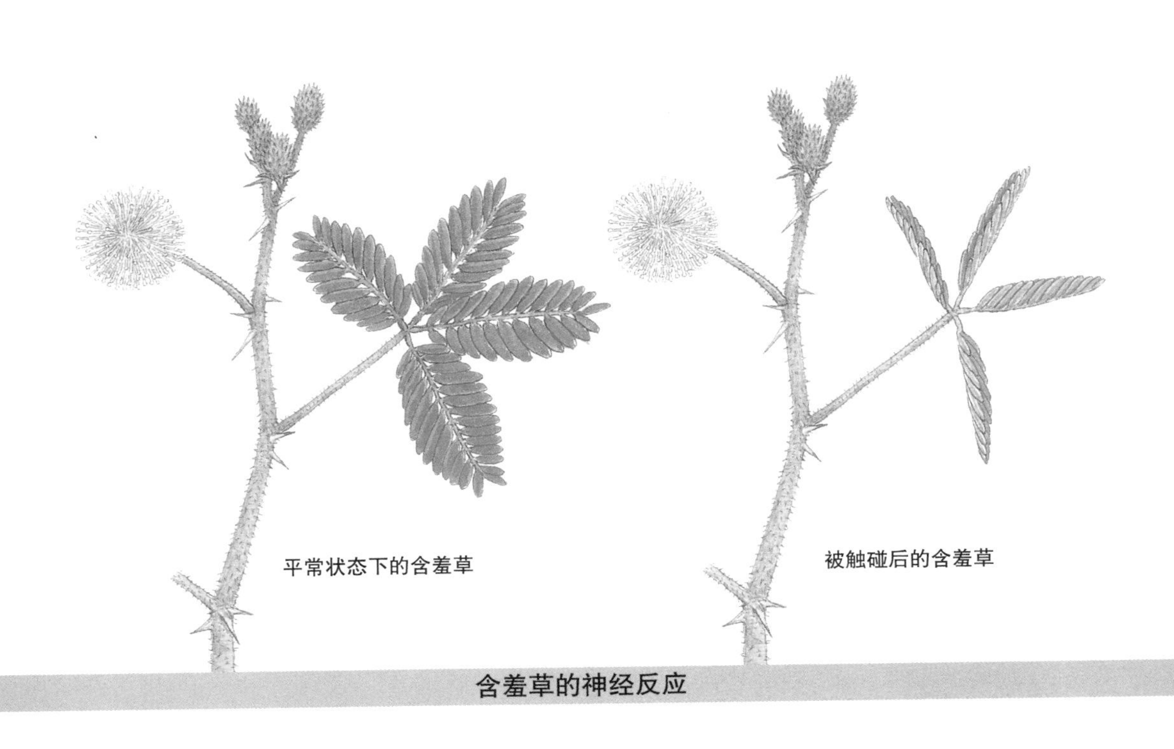

含羞草的神经反应

有的生物长得像蘑菇一样，在水中随波逐流。这就是我们所说的水母。看它们的样子实在分辨不出，是花，或者是蘑菇？不对，应该说它们究竟是植物，还是动物呢？

在这种情况下，有一个区分动植物的好方法，那就是疼痛感。我们可以用针来刺生物的躯体，如果它动了就是动物，如果一动不动的话就是植物。含羞草却是一个例外。

各位在未来的日子里，必定还会经历许多的痛

**水母**

因为力量很小无法游动，漂在水面上随着水流移动，所以很容易被误认为是水草。

苦与磨炼。但是法布尔告诉大家，一定要下定决心坚持到底。如果因无法忍受痛苦而退缩的话，就只能像故事中的含羞草一样，最终无法实现自己的梦想。各位的意志力难道不比含羞草强吗？所以不要害怕遇到的痛苦与坎坷。

如果再往下讲的话，恐怕要变成哲学故事了，所以我们到此为止。重新回到我们的植物话题上吧。前面提到了，植物与动物的区别在于能否感受到疼痛，那么睡眠呢？

## 会睡觉的植物

动物到了晚上需要睡眠，植物也需要吗？还是植物是白天睡觉？无论是忙碌的白天，还是无所事事的夜晚，植物看上去都是一样的。所以从外表上很难分辨，植物到底有没有睡眠时间。但事实上植物是会睡觉的，只不过并不是所有的植物都睡觉。橡树、老虎刺、月桂树等叶片健壮的植物是不需要睡眠的。

我们所说的睡眠，其实是指植物叶片在昼夜展开

白天　　晚上

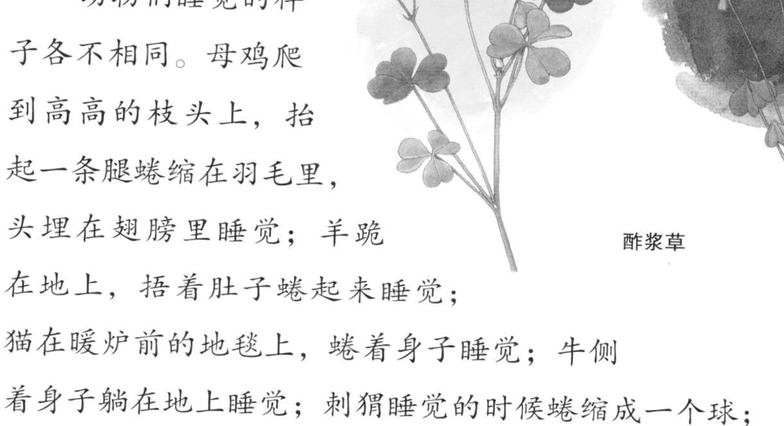

酢浆草

的模样不同，所以看上去像睡着了一样。

动物们睡觉的样子各不相同。母鸡爬到高高的枝头上，抬起一条腿蜷缩在羽毛里，头埋在翅膀里睡觉；羊跪在地上，捂着肚子蜷起来睡觉；猫在暖炉前的地毯上，蜷着身子睡觉；牛侧着身子躺在地上睡觉；刺猬睡觉的时候蜷缩成一个球；蛇睡觉的时候把身子盘起来。

植物也像动物一样，睡觉的样子各不相同。一根叶柄上长着3张心形叶片的酢浆草，睡觉的时候叶片顺着叶柄折叠起来。

夏天草地上开出白色小花的白车轴草是怎么睡觉的呢？

白车轴草的叶子由3张小叶片组成，属于

白天　　晚上

白车轴草

洋槐树

三出复叶。天黑之后，两边的叶片整齐地折叠起来，上端的叶片覆盖在上面。

让我们来看一下有着耀眼的白色花朵、甜蜜的香气而深受人们喜爱的洋槐树是如何休息的吧。白天，小叶片们全部向两边舒展开来，一副芬芳四溢且充满生命力的模样。但是到了晚上，叶片统统耷拉下来。洋槐树的叶子在睡觉的时候显得十分温顺。喜爱白天阳光下的洋槐树样子的人，一定也会爱上它晚上在月光下恬静的样子。

想不想再听一件神奇的事情？各位晚上睡觉的时候，总是伴着美梦入眠。越是年幼的孩子，睡得越香。但是人长大以后，想的事情越来越多，就很难再睡得深了，一觉醒来经常觉得迷迷糊糊的。法布尔通常戏称这种情况为“枕头上长满了刺”。各位长大以后也会明白，美美地睡上一觉是多么让人羡慕的事情。

植物也是如此。小叶子们什么烦心事都没有，对于过去的事情与即将发生的事情都不太关心，所以可以一觉睡到大天亮。但是老叶子们担心的事情很多，要造出足够的树液为全家人供给营养，还要担心小树芽们的未来。所以它们总是入睡不深，一些年纪大的树叶，甚至是根本不睡觉的。

## 德堪多的植物实验

光照对植物的睡眠有很大影响。有光照的时候，植物们会努力工作；天黑之后，植物们就会安静地休息。有时白天起雾、阴天或者是下雨的时候，植物们也会收起叶子进入梦乡。而且将植物从亮的地方移动到暗的地方，它们也会摆出休息的姿势。相反，即使在晚上，如果把灯开得像白天那么亮的话，植物会仿佛身处阳光下一般，把叶子大大地舒展开来。

在知道植物的这种特性之后，有人做了一个有趣的实验。这个人就是著名的瑞士植物学家德堪多。德堪多把对光照十分敏感的含羞草放在房间里，白天遮住光照把房间弄得黑漆漆的，晚上又打开灯把房间照亮。这是完全有悖于自然规律的实验。一开始含羞草弄不清白天和晚上，还有点迷迷糊糊的，但最终改变了习惯以适应环境——白天睡觉，晚上却精神得很。这个实验结果告诉我们，含羞草不是因为到了晚上才睡觉，而是因为光照的影响。

后来，德堪多又做了另外一个实验。把一株含羞草放在亮处，把另一株含羞草放在黑暗中，一直保持相同的状态。实验结束的时候，两株含羞草都变得十分虚弱，几近枯萎。看来，一直熬夜或者白天睡太多，对于生命是没有好处的。无论是含羞草还是人类都应该保持有规律的生活。

但是转念一想，人不是只有晚上才会睡觉。听冗长无聊的演讲或乏味的音乐都会令人昏昏欲睡。或者长时间重复相同的动作，身体也会变得很疲劳，并且产生睡意。植物也一样，听无聊的声音或重复相同的动作，它也会打瞌睡。当微风不停地轻抚植物时，植物也会困得合起叶子。某些植物受到反复的轻微撞击也会睡觉。反复地轻轻触碰酢浆草，小叶片会向着叶柄半耷拉下来，摆出睡觉的姿势。仿佛是妈妈轻拍宝宝，哄他睡觉一般，宝宝不知不觉间就睡着了。在强风不断的时候，植物也会感到困意。刮大风的时候，我们可以观察一下备受折磨的合欢树叶，它们像睡着了一样合了起来。这是反复的晃动导致的，而不是单纯因为风的声音。

从这些方面来看，植物睡着的样子跟动物还是有几分相像的。

那么，各位看到含羞草颤抖着合上叶子时，心里是怎么想的呢？只是觉得含羞草的表现非常神奇，就没有其他感想吗？我们何不尝试从植物学家的角度来提出几个问题呢？比如说，“难道只有动物会感觉到疼痛吗”“植物和动物还有其他共同点吗”。

不过含羞草看似保留了作为植物的最后底线，至少它在受到昆虫的攻击时一声不吭，但是有些植物却毫不顾及面子，比昆虫更加残忍。昆虫靠近的时候，这些植物甚至会把它们抓来吃掉。

就像前面提到的猪笼草一样，属于吃昆虫的植物。

捕蝇草的故乡是美国北卡罗来纳州。捕蝇草的叶子呈圆形，叶片边缘长着一些像刺一样的锯齿。叶片以叶脉为中心分为两个部分。中间的叶脉像门板上的

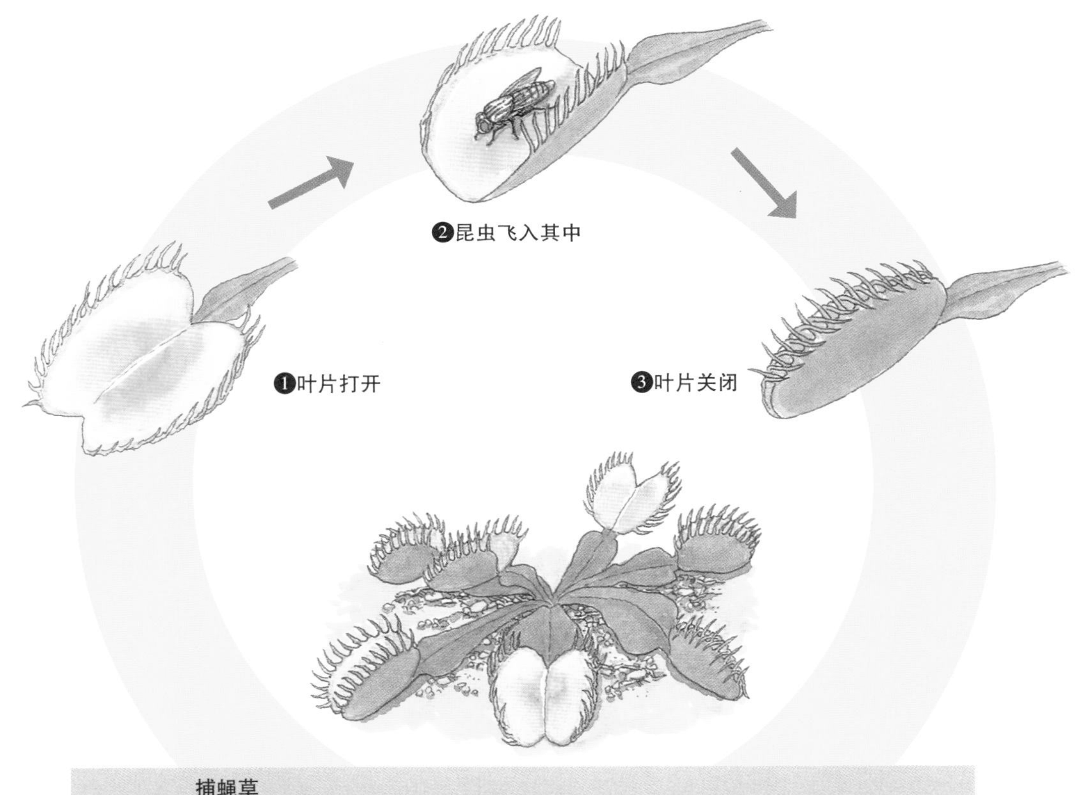


**捕蝇草**

昆虫进入叶片中之后，分布在内部的腺体会分泌出酸与消化液，将昆虫消化吸收。

合叶一样可以开合。昆虫到了叶片上之后，叶子两边会一起合上。直到昆虫死掉之前都不会打开。无论是5天还是10天，一定要等到昆虫死掉之后，叶子才会重新打开。

那么只有像含羞草或捕蝇草这样特殊的植物才会动吗？当然不是。其实这些植物只是比其他植物动作大一些而已，人们肉眼可以看见，所以才会觉得特别。大部分的植物都可以自己活动，只是活动得非常隐秘，人们无法轻易察觉。

# 4

# 责任重大的叶子

植物通过土壤和大气获取营养，
大气中的营养成分主要靠叶子来吸收。
有时，虽然叶子们只想稍微休息一下，
但休息就代表着死去。

## 叶子里面长什么样?

植物通过两种物质获得营养——土壤和大气。土壤中的营养成分主要靠根来吸收，大气中的营养成分就要靠叶子来吸收了。在讲叶子是如何吸收营养之前，让我们先来了解一下叶子的结构。

到目前为止，我们观察的都是叶子的表面。观察植物叶子的时候，光看表面是远远不够的。我们要掀开叶子的表层，一一观察它的器官。法布尔现在要带领大家进入肉眼看不见的、只有通过显微镜才能看到的神奇世界。那么，我们一起跟去看看吧。

解剖叶子，首先要准备工具。我们需要小刀、针来拨开叶子的表皮，用显微镜观察人们肉眼看不到的非常微小的部分。

用准备好的刀轻轻地刮一下叶片，会有一层透明薄膜状的东西被刮下来。无论是叶片的正反面，或者是叶柄的任何一面都可以刮下这种薄膜来。这层薄膜叫作表皮，意思就是叶片最外层的皮。

## 叶子表皮的用途

表皮仿佛是均匀涂抹在叶子表面的光亮剂。如涂抹有光亮剂的家具不仅不会渗水，还会显得十分有光泽。那么叶子为什么需要这样的光亮剂呢？这是因为叶子要在空气中保护自己。这个回答也许会令你十分吃惊。虽然空气是植物呼吸必不可少的条件，但空气也可能会让植物痛苦，甚至身处险境。不仅植物如此，所有的生物都是一样的情况。

对于这个问题，法布尔举的例子是人们手上长的水疱。水疱长在皮肤表层，也就是表皮上的物质。如果水疱破了，空气进入表皮下层与皮肤接触，人就会感到疼痛。但如果把伤口保护起来就不会觉得疼，因为空气没有与皮肤直接接触。

像青蛙这种生活在水边的生物，不需要有非常厚的表皮。它们那薄乎其微的表皮，足够满足它们在水陆之间的生活。如果人类没有表皮，就会难以忍耐疼痛，并且会希望像青蛙一样待在水里了。

植物也通过表皮的保护，避免与空气直接接触。

说到表皮的其他用处，它还可以防止水分瞬间流失。所有植物的叶子都含有水分。一眼望去干瘪，甚至枯萎的叶子也含有水分。但是如果叶子没有保护水分的装置，将会发生什么情况呢？太阳刚升起来，叶子就会因为水分迅速蒸发而枯萎。所以植物一定要有表皮的保护才能够安全。

## 叶子气孔的用途

叶子的表皮有许多长得像纽扣孔一样的细胞。植物的细胞可没有一个是闲着的。这个长得像纽扣孔的

**金银莲**

常见于沼泽或水塘的浮叶植物。每年七八月份会开出白色的花，花中间部分呈黄色。漂浮在水面上的叶子呈心形。

## 叶子的内部构造

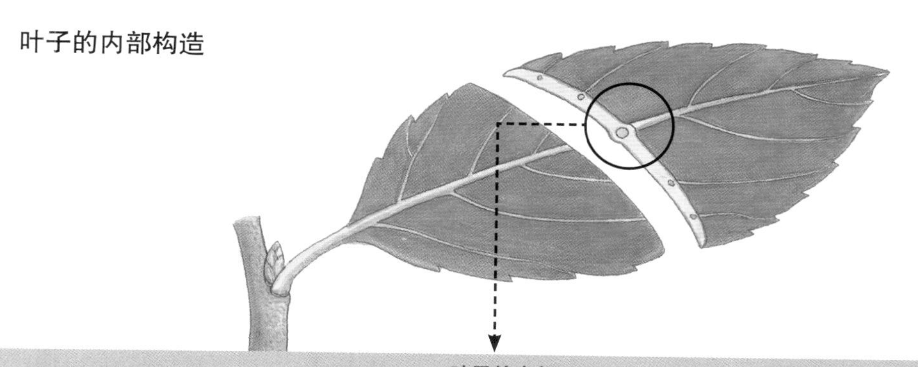

### 叶子的内部

表皮（前）
栅栏组织
叶脉的维管束
木质部
韧皮部
海绵组织
表皮（后）
气孔
二氧化碳
氧气
水
二氧化碳
氧气
水

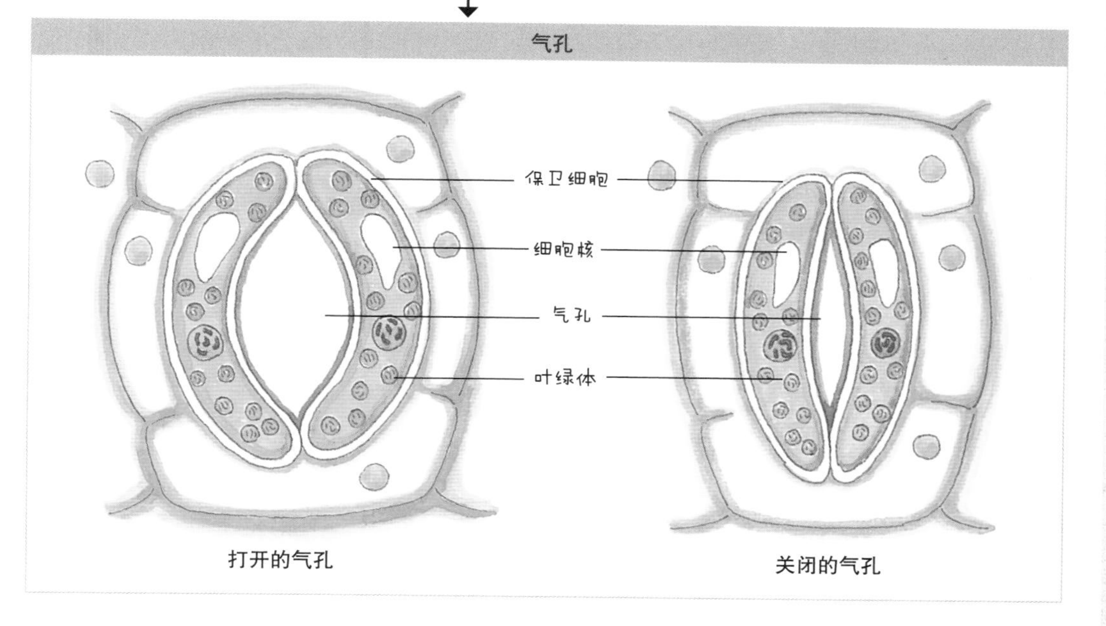

细胞，它的任务非常特殊，而且它工作起来也非常努力。这个细胞的中间有一条小缝隙，两边是一对长得像嘴唇的双胞胎细胞。嘴唇模样的细胞重复着开合的动作。它就是植物的呼吸道，是由表皮细胞演变而来的。科学家们管它叫气孔，反复开合的两个细胞是气孔的边框，称为保卫细胞。

叶片上的气孔多得数不清，尤其是陆生植物（陆地上生长的植物）叶子的背面分布较多，水生植物（漂浮在水中的植物）叶子的正面分布较多。气孔非常小，我们用针刺出的针孔跟气孔比起来要大得多。

为什么植物需要那么多气孔呢？因为气孔要做的事情非常重要。气孔是吸入与呼出空气的进出口。但气孔不仅仅是用来呼吸的，还有一项非常重要的任务，那就是把植物体内的水分以水蒸气的形式排出体外。

尤其是光照强烈的时候，植物会不停地排出水蒸气。不仅植物如此，人类在呼吸的时候也会排出水蒸气。对着冰冷的玻璃窗哈气，窗户上会蒙上一层雾状的水蒸气。这些水蒸气会变成小水珠流淌下来。这是

**植物的蒸腾作用**

折一段枝干，用透明塑料袋或玻璃瓶罩起来，可以观察到水珠。这就证明了植物在进行呼出水蒸气的蒸腾作用。

因为人们在呼吸的时候，身体里的水分也随之排出体外。植物气孔排出的水蒸气也是这样的道理。折一段活着的植物枝干，用透明的塑料袋或干净的玻璃瓶罩起来，用不了多长时间，塑料袋表面或玻璃瓶的瓶壁上就会结出很多小水珠往下流。像这样排出肉眼不可见的水蒸气的现象，称为蒸腾作用。

每一个气孔排出水蒸气的量非常少。但植物全身上下有无数气孔，那么它排出的水蒸气的量就可想而知了。普通大小的树木一天排出的水蒸气量在10升左右。炎热干燥的天气下，一株正常大小的向日葵，12

小时的排水量可以达到900克。植物气孔蒸腾作用的特点是：白天比晚上强烈，向阳处比背阴处强烈，炎热干燥的天气比寒冷潮湿的天气强烈。

## 植物为什么要释放水分？

气孔为什么要如此努力地排出水分呢？首先，液体的蒸发能够帮助植物降温。如果温度太高，植物是无法生存的。所以植物通过气孔排出水分，以此调整合适的温度。简单来说，就像我们洗完澡之后，身体会感到很清爽一样。炎热的时候，用水冲洗能够带走身体上的热量。

但是有一点令人很好奇。在温度不算高的阴凉处或晚上，植物的蒸腾作用还会继续。这是为什么呢？答案是为了供给自己营养成分。这是蒸腾作用带来的第二个效果。植物通过根部吸收的水分，溶解了土壤中的营养成分。这些水通过导管输送给叶片。但是水中溶解的营养成分非常少。为了获得充足的营养，植物竭尽全力不断地吸入更多的水分，所以一刻都闲不下来。

## 植物的蒸腾作用

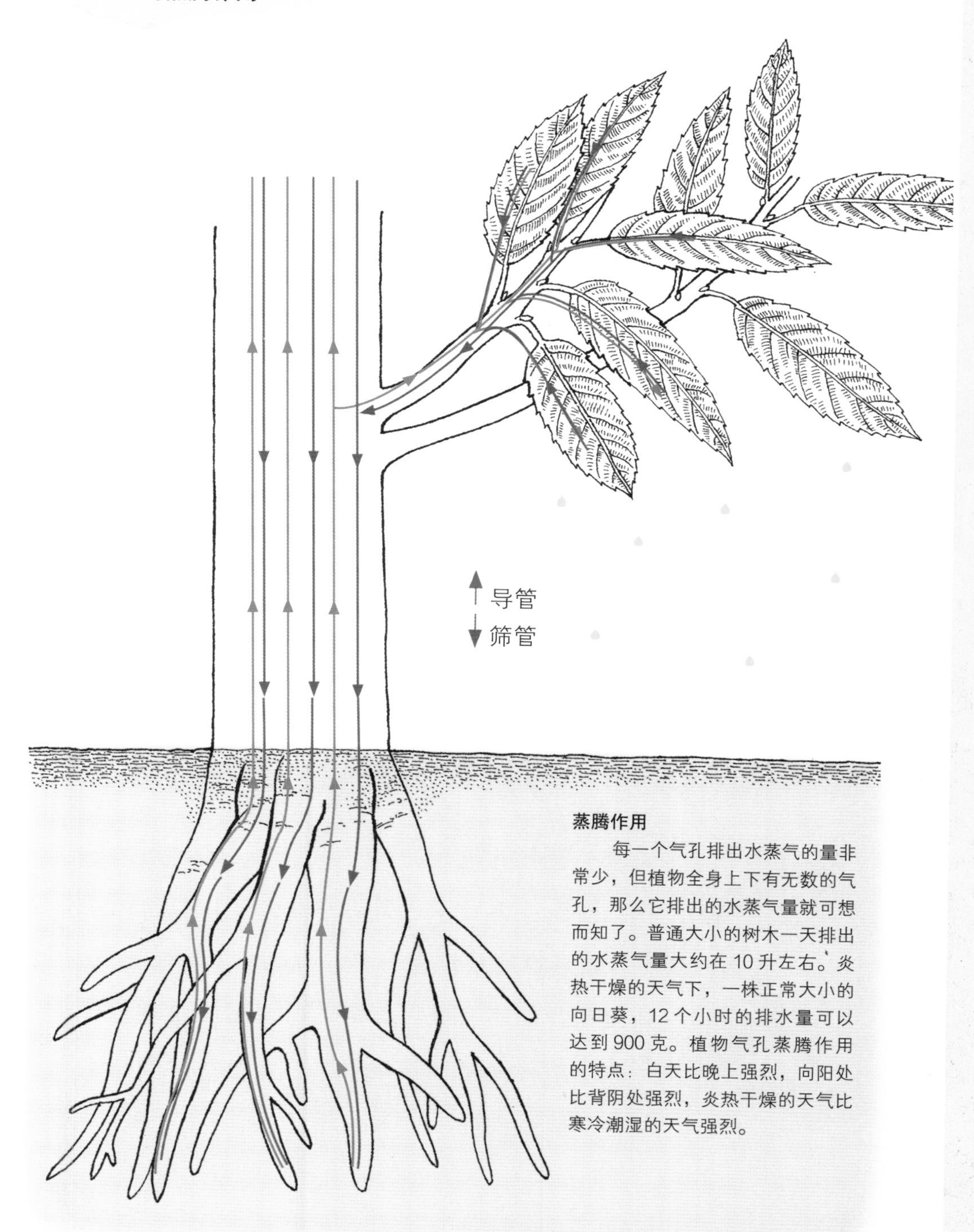


**蒸腾作用**

每一个气孔排出水蒸气的量非常少，但植物全身上下有无数的气孔，那么它排出的水蒸气量就可想而知了。普通大小的树木一天排出的水蒸气量大约在 10 升左右。炎热干燥的天气下，一株正常大小的向日葵，12 个小时的排水量可以达到 900 克。植物气孔蒸腾作用的特点：白天比晚上强烈，向阳处比背阴处强烈，炎热干燥的天气比寒冷潮湿的天气强烈。

营养成分一点点通过根部向上输送至叶片。这些营养成分会与通过气孔进入叶片的其他物质混合。这时就要借助阳光的力量，产生化学变化，制造营养液。这种化学反应就是光合作用。通过光合作用制造的营养液就是植物的血液——树液，树液通过筛管重新回到根部，以此来维系植物的生命，帮助植物茁壮成长。

另外，从根部输送来的营养成分进入叶细胞中进行化学反应。把营养成分安全送达之后，水分就失去了利用价值。而根部还在不断地向上输送营养成分，所以这些没用的水只能抛弃掉。正是因为这个原因，气孔在阴凉处或晚上才在不间断地工作。

## 让叶片变绿的叶绿素

下面我们把叶片纵切开观察一下吧。表皮组织往下就是栅栏组织，再往下就是海绵组织。栅栏组织是因为细胞密密麻麻地紧贴在一起，看起来像栅栏一样，所以取名为栅栏组织。海绵组织是因为它的模样长得像海边石头上的海绵一样松松软软的，所以给它起了

## 叶片的光合作用与呼吸作用

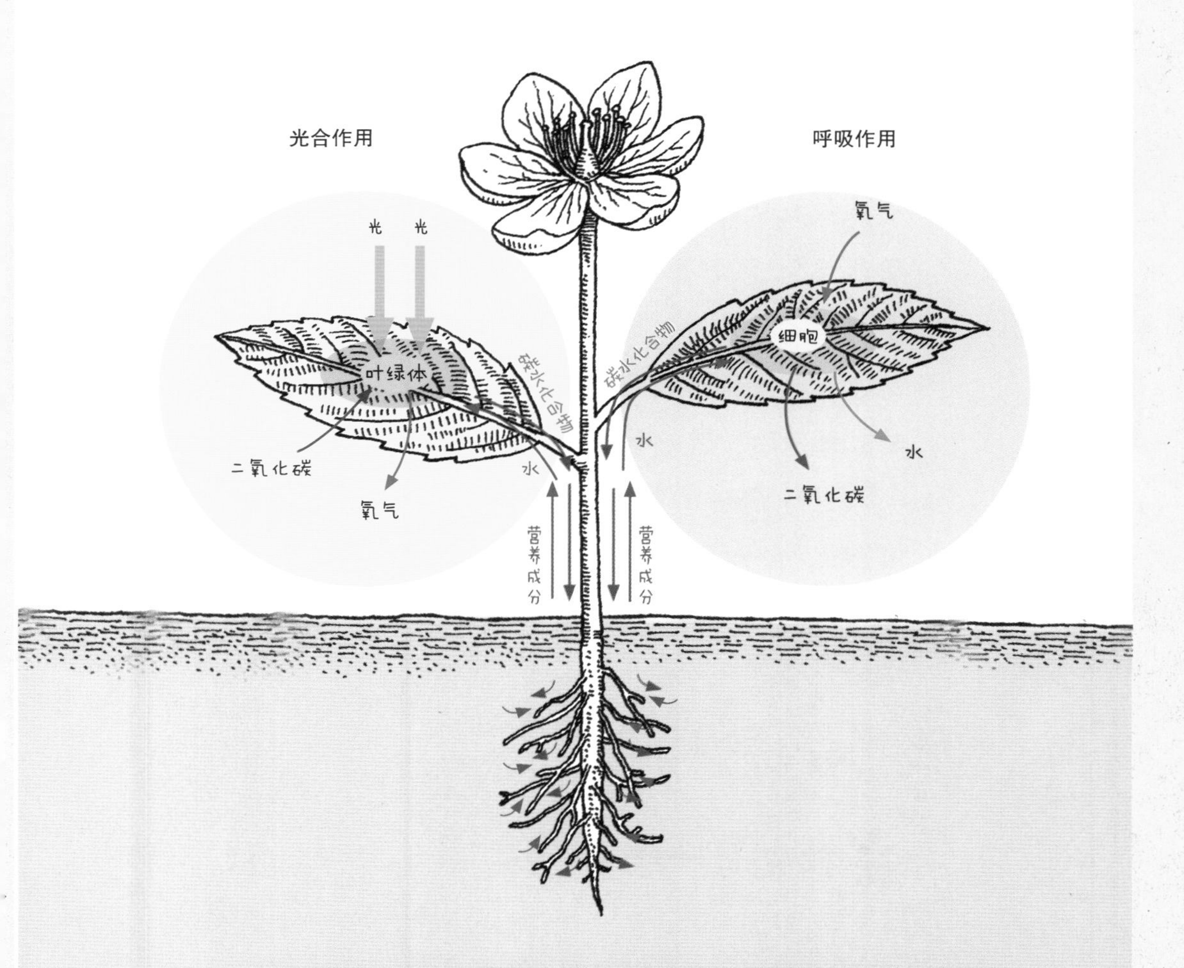


植物白天进行的光合作用是将根部输送上来的水分，通过阳光的照射，与所吸收空气中的二氧化碳一起制造碳水化合物的过程。这时植物会向大气中释放氧气。通过光合作用制造的碳水化合物将作为植物成长的营养成分，通过茎秆输送到植物的各个部位。与此同时，植物在白天也会进行呼吸作用。呼吸作用是将从根部输送到叶片的水分与营养成分，通过叶细胞排出水分与二氧化碳，同时吸收氧气的作用。植物的呼吸作用，以及为自身提供营养的光合作用是同时进行的。

个名字叫海绵组织。（请参考69页）

在栅栏组织和海绵组织中有很多圆圆的细胞，这些细胞都是绿色的。这些物质是什么呢？

如果挤压这些细胞会有液体流出，用显微镜观察这些液体会发现里面有很多绿色的小颗粒。这些绿色的小颗粒就是叶绿素了，意思就是“让叶片呈现出绿色的色素”。这种颗粒非常小，体积只有1立方毫米，一个细胞里约有200万个叶绿素。不仅是叶片，幼枝的表皮、尚未成熟的果实也是绿色的，那都是有叶绿素的缘故。植物的任何一个器官只要含有叶绿素就是绿色的。

叶绿素非常喜欢阳光。绿色的小颗粒也需要住在有阳光的地方。喜欢阳光的小东西利用阳光进行光合作用，制造碳水化合物，为植物生长提供所需的营养成分。

植物没有充足的阳光，真的会死吗？是的。如果光照不充足，叶绿素会失去绿色变成黄色。

这样一来植物工厂就不再忙碌地工作，甚至会停工不干了。虽然这时的植物会竭尽全力寻找阳光，但如果实在找不到就只能面临死亡。法布尔在草地中寻找到了类似的例子，可以用来说明这一点。有时候草地上会出现一些瓦片之类的东西，而一部分草地可能会被瓦片覆盖。过一段时间再来看，被瓦片盖住的草全部变成了黄色。瓦片下面究竟发生了什么事情呢？小草们因为没有阳光所以什么事情都做不了。这种变黄的现象被称为“黄化”。

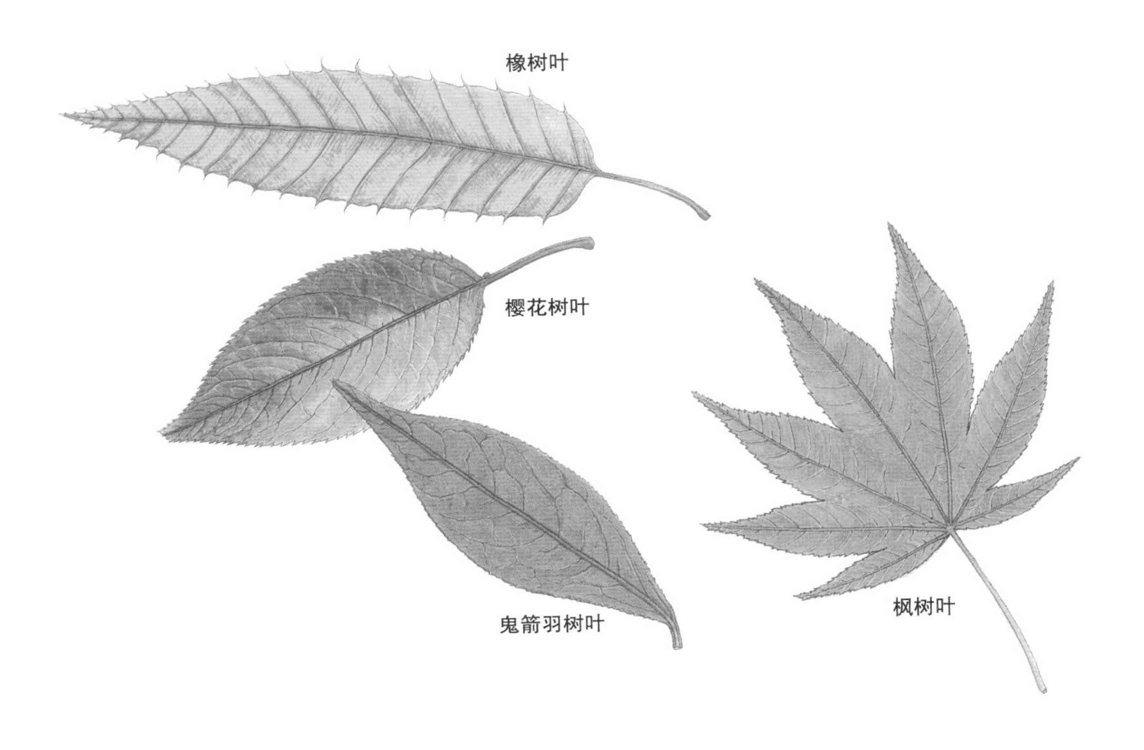


秋天也会有类似的情况发生。大部分植物都会脱掉绿色的外衣。因为叶绿素整个夏天都在辛勤劳动，现在想要休息一下，所以，到了秋天，叶绿素就不想再工作了。看到秋天叶片都变了颜色，法布尔说叶子们停下工作是想要脱掉绿色的外衣，换上五彩缤纷华丽的衣裳，展现一下自己。樱花树叶和鬼箭羽树叶换上了美丽的红色新装，白桦树叶显现出一点点的黄色，榉树干脆化了一个深褐色的妆。但奢侈华丽的外表总是不能长久的。萧瑟的秋风吹起，再下一场秋雨的话，一切就结束了。

虽然叶子们只想稍微休息一下，但休息就代表着死去。当然死亡其实也就是最彻底的休息。

但有的植物并没有换上华丽的新装，依然穿着绿色的外衣停留在枝头上。冬青树、黄杨树还有松树，它们到了冬天，叶片也不会凋零。法布尔认为，它们无论年纪多大依然享受工作，并以此维护名誉，保持年轻状态。

但是这世上没有什么东西可以永生。秋天过后，叶子终归是要死去的。只是在老叶片死去的同时，新叶片也在一点点地生长，所以它们看上去似乎永远是

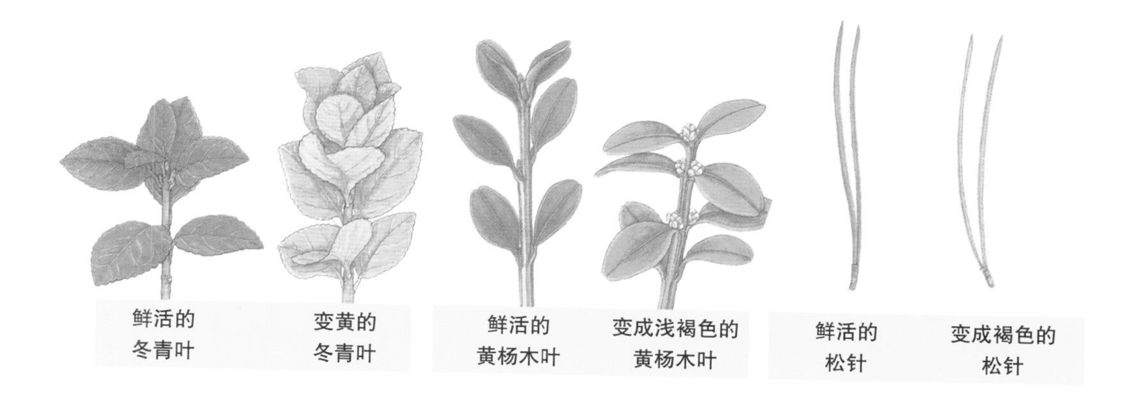

一副鲜活翠绿的模样。其实它们的叶子走到生命尽头时也是会变色的。凋落在地面上的黄杨树叶是黄色的，死去的松针是褐色的。

任何一片走完一生的树叶，到最后都一定会脱去绿色的外衣。

## 没有叶绿素的寄生植物

这个世界上任何事情总有例外。有的植物虽然是活的，但是它们却不是绿色的。五六月份在海滩上开出紫色小花的草苁蓉就是一个例子。草苁蓉没有植物常见的叶片，茎秆显现出淡淡的紫色，全身上下找不到一块绿色的地方。因为它身上一点叶绿素都没有。

如果没有叶绿素，植物什么事都做不了，也没有养活自己的能力，那么草苁蓉是如何开出花来的呢？既然没有做事的工具，又没有做事的念头，想要活下去就只有一个办法，当小偷。法布尔说草苁蓉是“吸血鬼”，它缠在其他植物的脖子上，靠吸人家的“血”生存。草苁蓉通常生长在茵陈蒿或青蒿的附近。如果

小心地挖开草苁蓉的根部就会明白法布尔为什么要做出这样恶毒的比喻了——草苁蓉把自己的茎秆牢牢地贴在邻居植物的根上，不断地“掠夺”邻居植物的营养。

无论是植物还是人类，靠自己的努力生活就是健康的生活，自己不努力想依靠别人生活的都是不积极的人生。这些人的脸上往往没有欢乐的笑容，这种植物也大都不会有生机与青翠的模样。

## 寄生植物

像草苁蓉这样自己不生产营养物质，依靠其他植物生存的称为寄生植物。寄生植物根据其吸收营养物质的方式，分为半寄生植物与全寄生植物。半寄生植物既吸收其他植物身上的营养，同时自己也进行光合作用生产营养成分。槲寄生、山罗花属于半寄生植物。全寄生植物生长所需的全部营养成分都依靠寄主获取。野菰、菟丝子、锡杖花等属于全寄生植物。

▲槲寄生

3-4 月开花，10-12 月结果。通常寄生于橡树或樱花树上，槲寄生有绿叶可以进行光合作用，自行制造一些营养物质，因此为半寄生植物。茎秆与叶片可以入药。

◀野菰

在紫芒地中寄生于紫芒的根部。全身上下没有绿色的部分，无法进行光合作用，只能依靠紫芒的根部吸收营养成分，因此为全寄生植物。

▲**锡杖花**

寄生于腐烂的木头上，植物整体不含有能够进行光合作用的叶绿素，因此呈白色。所有的营养成分靠腐烂的木头提供，因此为全寄生植物。

5

# 只做一件事的花

虽然花有华丽的外表，
备受人们喜爱，
但其实花只有一个利用价值，
那就是繁衍后代。

## 创造生命的高贵器官——花

还记得吗，植物就像希腊神话中的九头蛇一样，自己长出嫩芽繁殖后代。但是依靠发嫩芽来繁殖，并不是繁衍后代的最佳方法。若想要子孙后代不断繁衍下去，那就不是嫩芽能够承担得起的重任了。嫩芽的任务只是春天来临的时候长出健壮的枝叶。

那么繁衍后代的任务由谁来完成呢？是的，它就是种子。只有种子才能够把这件事情做得完美。

种子是由一个器官制造的。这个器官穿着优雅高贵的衣裳，它一生只做一件事情，那就是制造种子，并让种子发芽生长。这个器官就是花。

虽然花有华丽的外表，备受人们的喜爱，但其实花只有一个利用价值，那就是繁衍后代。

法布尔看着开花的枝干说，一棵树有两种枝干。一种是为植物提供生存所需营养的枝干——长着绿叶的枝干是为了此刻而生的枝干。另外一种是为了安定地繁衍后代而生的枝干——开花的枝干就是为了未来而生的枝干。

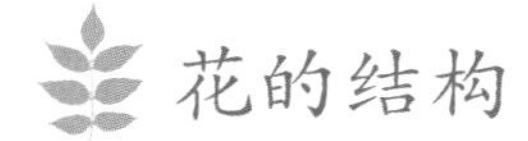

## 花的结构

下面我们来观察一下花的结构。首先以一个“花萼”“花冠”“雄蕊”“雌蕊”全都具备的花为例吧。

总是通过锦簇的花团告诉人们春天到来的樱花，你们尝试过仔细去观察它吗？樱花一共有5片花瓣。这5片花瓣合起来就称为“花冠”。樱花的花冠下端有5片花萼，花萼很好地支撑着花冠。

在花冠的中间长着二十来根纤细的花丝。花丝的顶端有一个花药。花药中间有一个隔断，将花药分成两个房间。这两个房间里充满了花粉。花药和花丝合起来就称为雄蕊。

很多根雄蕊美美地围绕在雌蕊身边。雌蕊有比花丝粗壮很多的花柱，花柱上面顶着的是柱头。柱头分成3瓣，始终保持湿润的状态。雌蕊底端略微膨胀的部分称为“子房”（储存种子的房间）。子房里面有很多“胚珠”（即将成为种子的部分）。

如果樱花的雌蕊和雄蕊看得不是很清楚的话，那么就换成花朵比较大，雄蕊和雌蕊也相对比较明显的百合花来观察吧。

观察过花的结构之后，你不觉得有些奇怪吗？为什么雄蕊比雌蕊的数量多那么多呢？而且花药里的花粉也多得有些浪费了吧，不是吗？

这个问题我们可以在动物世界中寻找答案。动物的精子数量也是远远超于卵子的数量。这是因为无论是动物还是植物都非常重视繁衍后代这件事。无论是动物的精子还是植物的花粉，都是最勇敢的、动作最迅速的一个才能够承担起传宗接代的重任。候补者越

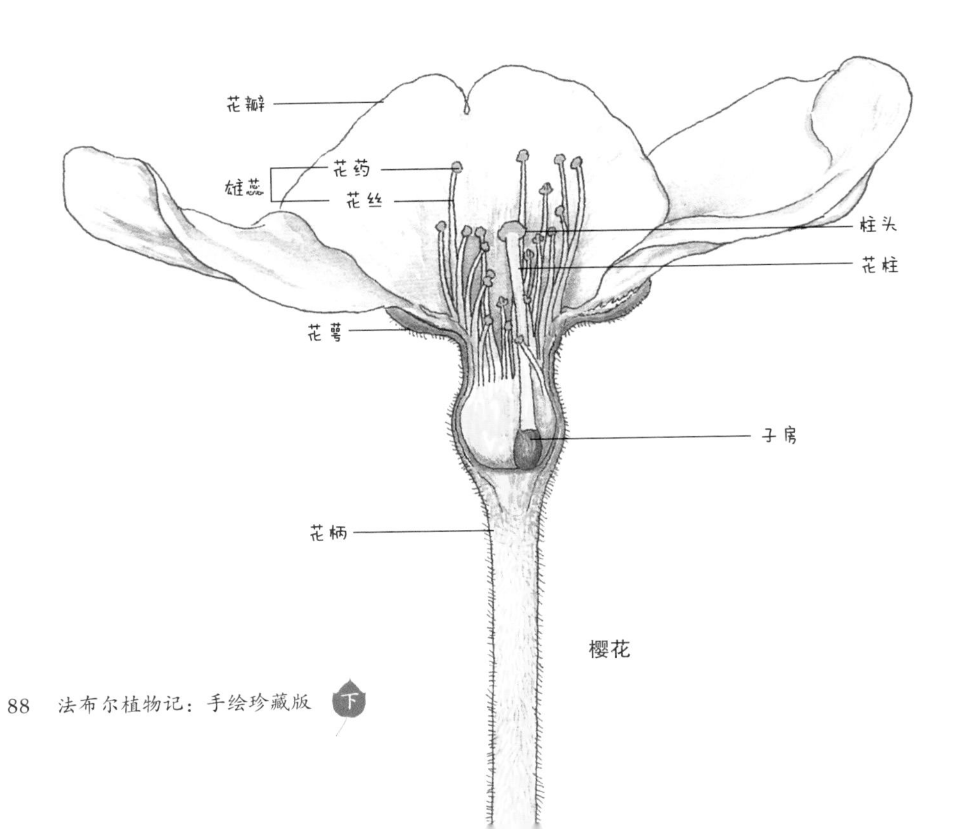

樱花

# 雄蕊与雌蕊的构造

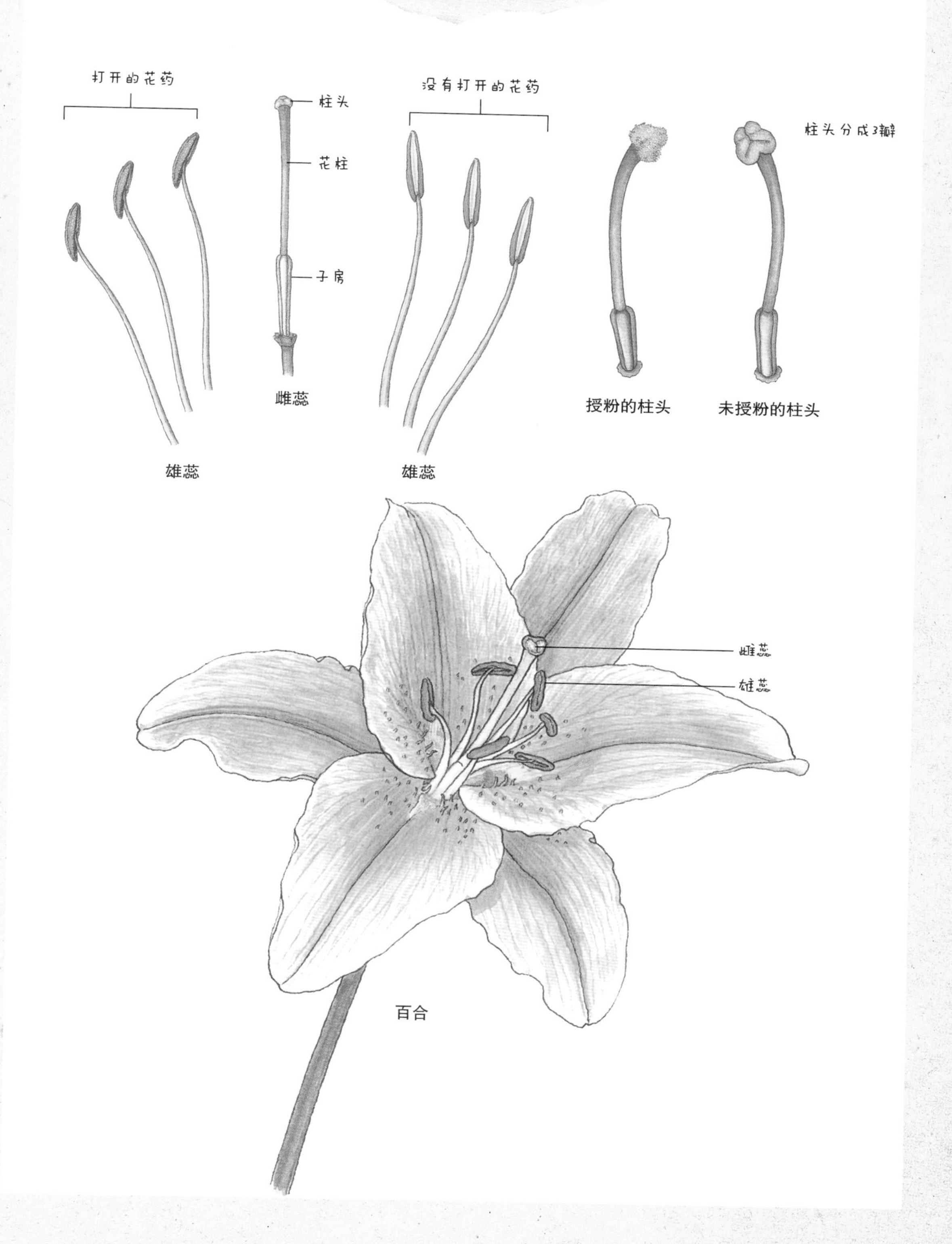

多，竞争越激烈，胜利者就显得越有资格。

像樱花一样，具备花萼、花冠、雄蕊与雌蕊的花称为“完全花”。缺少其中任何一项都称为“不完全花”。稻子、芦苇、大麦、银杏树、紫萍的花都属于不完全花。

狗尾草的不完全花

那么在花的四个组成部分中，哪一个是必须具备的呢？那就是雄蕊与雌蕊了。因为它们是产生种子的必备条件。花萼不过是用来保护花的，花冠也只是一种装饰而已。如果没有美丽的花瓣或花冠的话，人们就会认为这种植物不开花。但其实只要具备雄蕊和雌蕊就可以认为这种植物开花。因此，除了像苔藓类、藻类、蕨类这些不开花的隐花植物以外，几乎所有的植物都会开花、制造种子。区别只是在于花开得是否显眼而已。

但是，既然花萼和花冠有没有都无所谓，为什么还要长出来呢？花萼与花冠包围在雄蕊与雌蕊的外缘，不但起到了保护作用，而且还有其他任务要完成，那就是吸引昆虫或小鸟来协助完成授粉的工作。这样看来植物的花萼与花冠不仅仅是为了炫耀美貌，而且也是植物繁衍的关键要素。但遗憾的是人类看到它们却只会评价好看与不好看。

此外，一朵花中既有雌蕊又有雄蕊的花叫“两性花”。而雌蕊与雄蕊分别长在不同的花中的花叫“单性花”。樱花、洋槐树、桃子、梨、苹果、无穷花（木槿花）、草莓、樱桃、杏、葡萄以及向日葵的花朵都属于

**苔藓类**

苔藓类植物不开花，靠送出孢子进行繁殖。植物顶端的小管子是装有孢子的孢子囊。孢子囊上端打开之后，孢子就可以从这里出去。

蕨菜

**蕨类**

蕨类与苔藓类植物一样不会开花。取而代之的是叶片后面长出的孢子，它们通过送出孢子来进行繁殖。

**两性花 桃花**
一朵花中既有雌蕊又有雄蕊的花称为两性花。

两性花。

南瓜、香瓜、黄瓜、松树、银杏树、玉米、匏瓜的花朵都是雌花与雄花单独开放的单性花。

但同是单性花，栗子、南瓜、香瓜、黄瓜以及匏瓜的雌花和雄花开在同一株植物上，这种情况称为“雌雄同体株”。而银杏树、桑树的雄花和雌花直接开在两株不同的植物上，这种情况称为“雌雄异体株”。

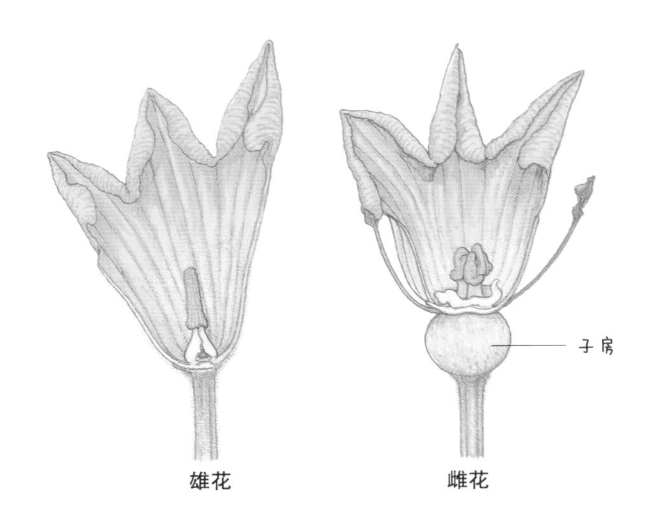


**雌雄同体株 南瓜**

单性花的雌花与雄花生长在同一株植物上。雌花下端的子房发育之后变成南瓜。

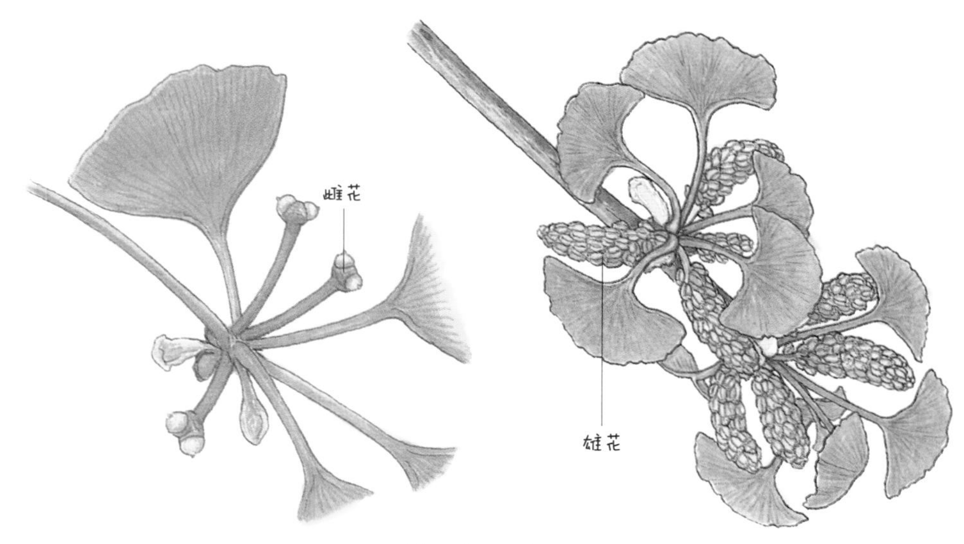


**雌雄异体株 银杏树**

单性花且为雄树与雌树分开生长的雌雄异体株。

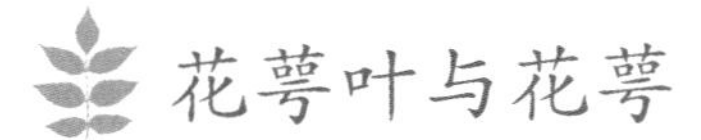

## 花萼叶与花萼

花萼由一片片的花萼叶组成。植物长出“花芽”（以后会长成花的小芽，比一般的芽要短一些、鼓一些）的时候，花萼叶就会彼此紧紧地贴在一起，保护里面的嫩芽，防止细菌或霉菌进入其中，同时保证花芽内部不会过于干燥，另外还要保护花芽不会被昆虫或鸟儿吃掉。

每一种植物的花萼叶数量各不相同。比如说，野凤仙花有 3 片花萼叶，柿子花有 4 片，伏委陵菜花有 5 片。

花萼叶原本是叶子，所以大部分的花萼叶都是绿色的。如果要问它跟普通的叶子有什么区别，因为它需

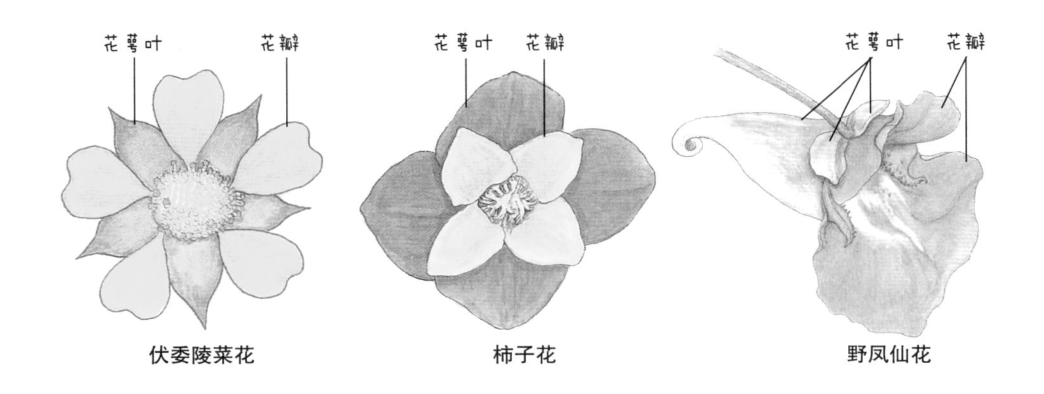

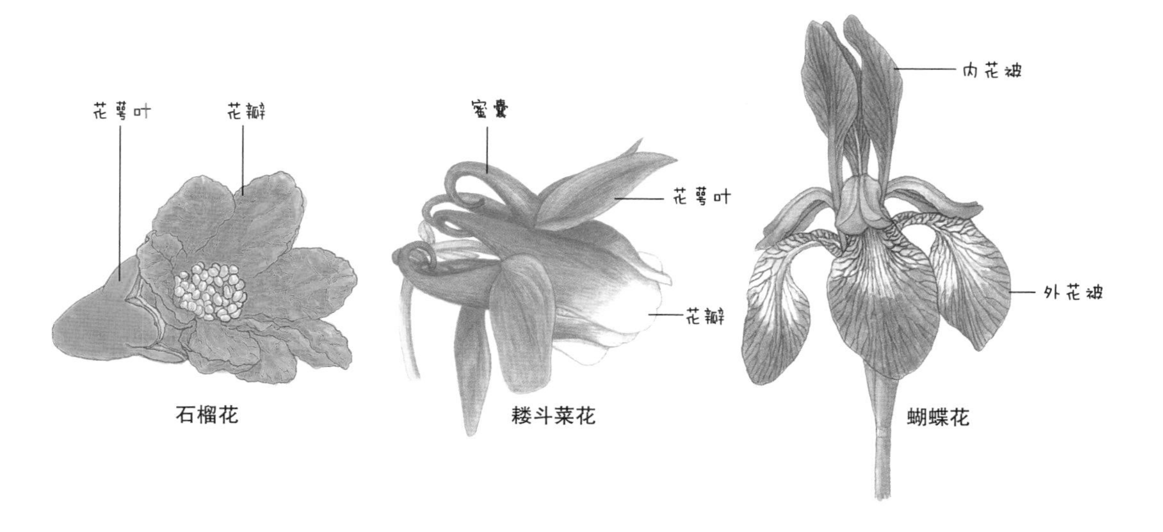


要起到保护花冠的作用，所以比一般的叶子粗糙且结实一点。而且花萼叶完成自己的任务之后就凋落了。而罂粟的花萼叶在花冠尚未开放的时候就凋落了，所以很容易被误认为是没有花萼的植物。

虽然大部分的花萼叶都是绿色的，但也不完全如此。很多花萼叶也像花冠一样拥有华丽的色彩。比如说石榴花的花萼叶就与花冠一样是鲜艳的红色。耧斗菜花的花萼叶构造细致，颜色也十分华丽，很容易被误以为是花瓣。还有些花的花瓣跟花萼叶几乎无法区分出来。这种情况就将花萼叶与花瓣统称为“花被”。内侧的花被就叫作“内花被”，外侧的花被就叫作“外花被”。

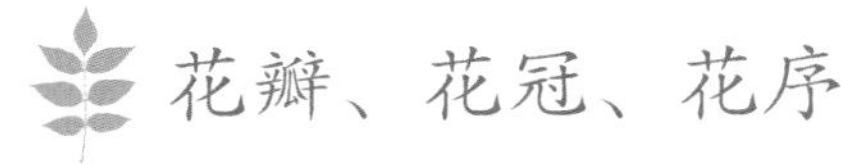

# 花瓣、花冠、花序

花瓣可以看作是一片纤薄的叶子，结构精致，颜色鲜艳。花瓣的结构基本与叶子相同。叶脉、气孔以及叶细胞一应俱全。但是花瓣不含叶绿素，所以几乎没有绿色的花瓣。

栎树花的花没有花瓣，所以看起来不太像花。再加上雌花开在枝干的底端，非常小，肉眼几乎看不到。

花瓣彼此整齐地排列在一起就称为花冠。花冠虽然模样美丽且充满活力，但其实它对于植物而言并不那么重要。事实上花冠的重要性远不及花萼。花萼可以在植物遭遇恶劣天气时，保护内部组织，防止花受到伤害，但花冠却什么都做不了。

毛茛

因此很多植物都没有花冠。没有花冠的花非常不起眼。观察一下森林中的栎树、榆树、山毛榉等植物的花。这些植物的花都没有花冠，所以人们常常不知道这些树开花了，也不会多看它们一眼。

福寿草

花冠一般比花萼大，呈现出红色、蓝色、紫色、黄色、橘黄色、白色等各种颜色。还有像毛茛以及福寿草这样花瓣富有光泽的植物。

根据形状的不同，花冠有很多种。另外花开的顺序称为花序，按照花序与花开的模样，花还可以分为很多种。

# 花冠

花瓣彼此整齐地排列在一起就称为花冠。花冠叶大且美丽，它可以吸引昆虫或鸟类来帮助植物授粉。所有的花大体可以分为离瓣花与合瓣花。花瓣彼此分开的称为离瓣花，花瓣全部连在一起的称为合瓣花。

## 离瓣花

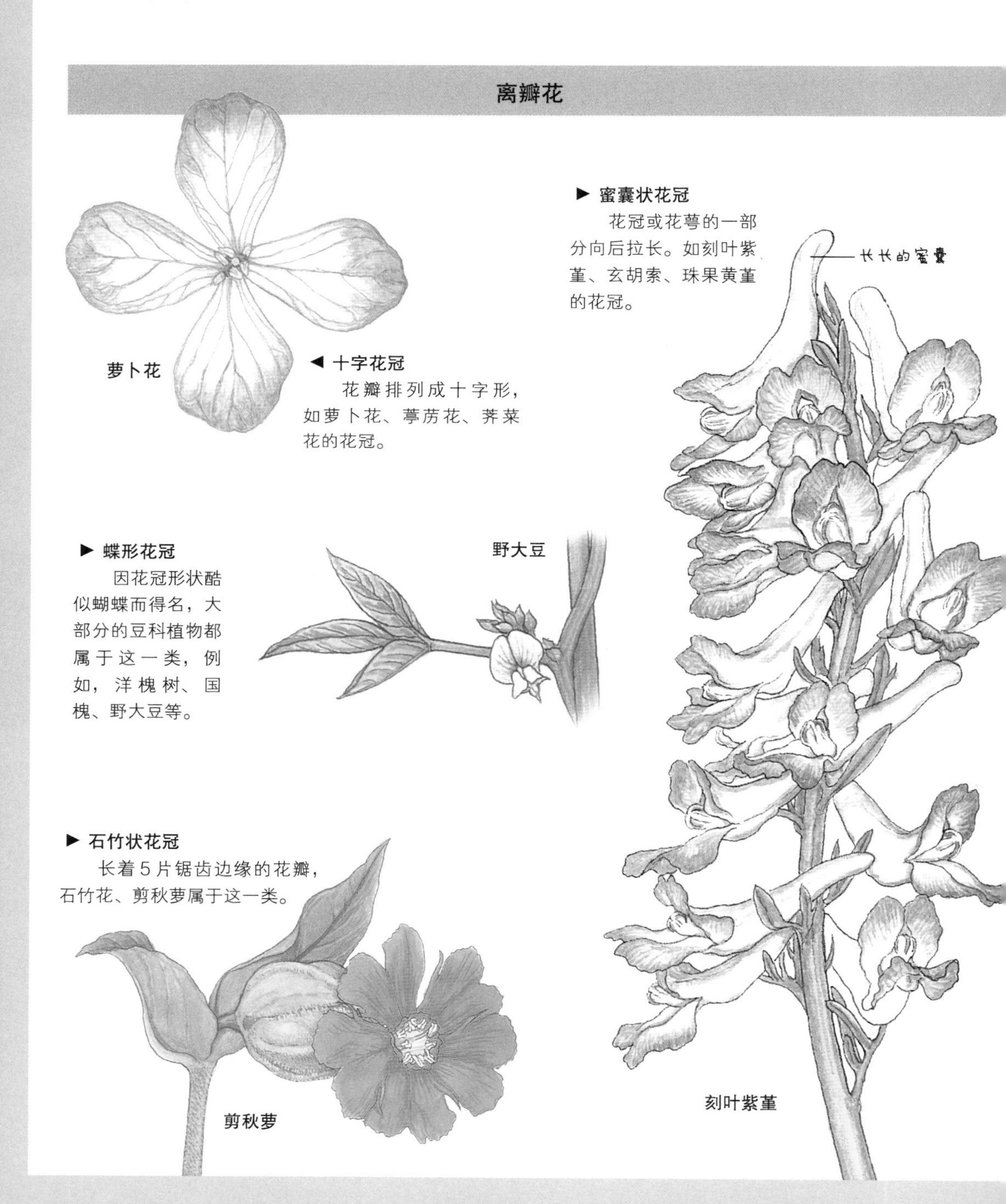


**▶ 蜜囊状花冠**

花冠或花萼的一部分向后拉长。如刻叶紫堇、玄胡索、珠果黄堇的花冠。

**◀ 十字花冠**

花瓣排列成十字形，如萝卜花、葶苈花、荠菜花的花冠。

**▶ 蝶形花冠**

因花冠形状酷似蝴蝶而得名，大部分的豆科植物都属于这一类，例如，洋槐树、国槐、野大豆等。

**▶ 石竹状花冠**

长着5片锯齿边缘的花瓣，石竹花、剪秋萝属于这一类。

这世上的任何一种花不是离瓣花就是合瓣花。离瓣花的花瓣数量可以是2片、3片，甚至更多。忍冬花或迎春花的花瓣乍一看好像是分开的，但是仔细观察花瓣的底端是彼此相连的。

## 合瓣花

**◀ 唇形花冠**

花冠的底端分成两半，上下分开，像翘起的嘴唇。如忍冬、宝盖草、水苏、日本活血丹的花冠。

忍冬

**◀ 漏斗状花冠**

花冠的模样酷似漏斗，如喇叭花、旋花的花冠。

迎春花

**▶ 轮状花冠**

花冠像一个轮子，如茄子花、附地菜、点地梅等。

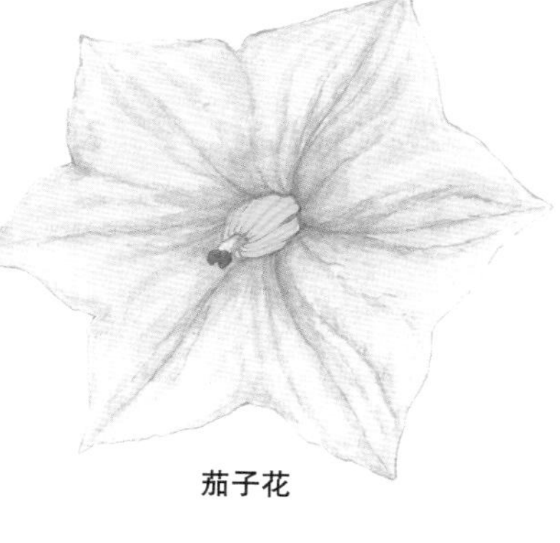

茄子花

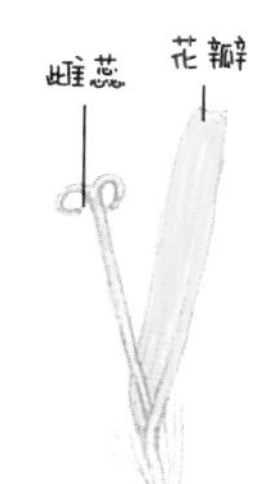


西洋蒲公英的小花

西洋蒲公英

**▶ 舌形花冠**

看上去好像是很多花瓣开在一起了，但其实是很多小花聚集在了一起。每一朵小花都是独立的，小花的花瓣像舌头的形状。

南沙参

**▶ 钟状花冠**

花冠长得像一口钟。桔梗、紫斑风铃草、灯笼花、沙参、风铃草等属于这一类。

# 花序

花在茎秆或枝干上生长的顺序称为花序。与叶子在枝干上的排列顺序称为叶序是一样的道理。叶序是为了让叶子更加有效地利用阳光，花序则是为了更好地促进植物繁殖。花序对植物的繁殖以及生存具有非常重要的意义。例如，依靠昆虫传粉的植物，植物的花序会更加吸引昆虫且方便它们落脚。依靠风进行传粉的植物则没有那么华丽，也不会费尽心思想要引起昆虫的注意，只是让花的排列更加有利于随风摆动就可以了。因为只有这样才能够让花粉更容易被风带走。

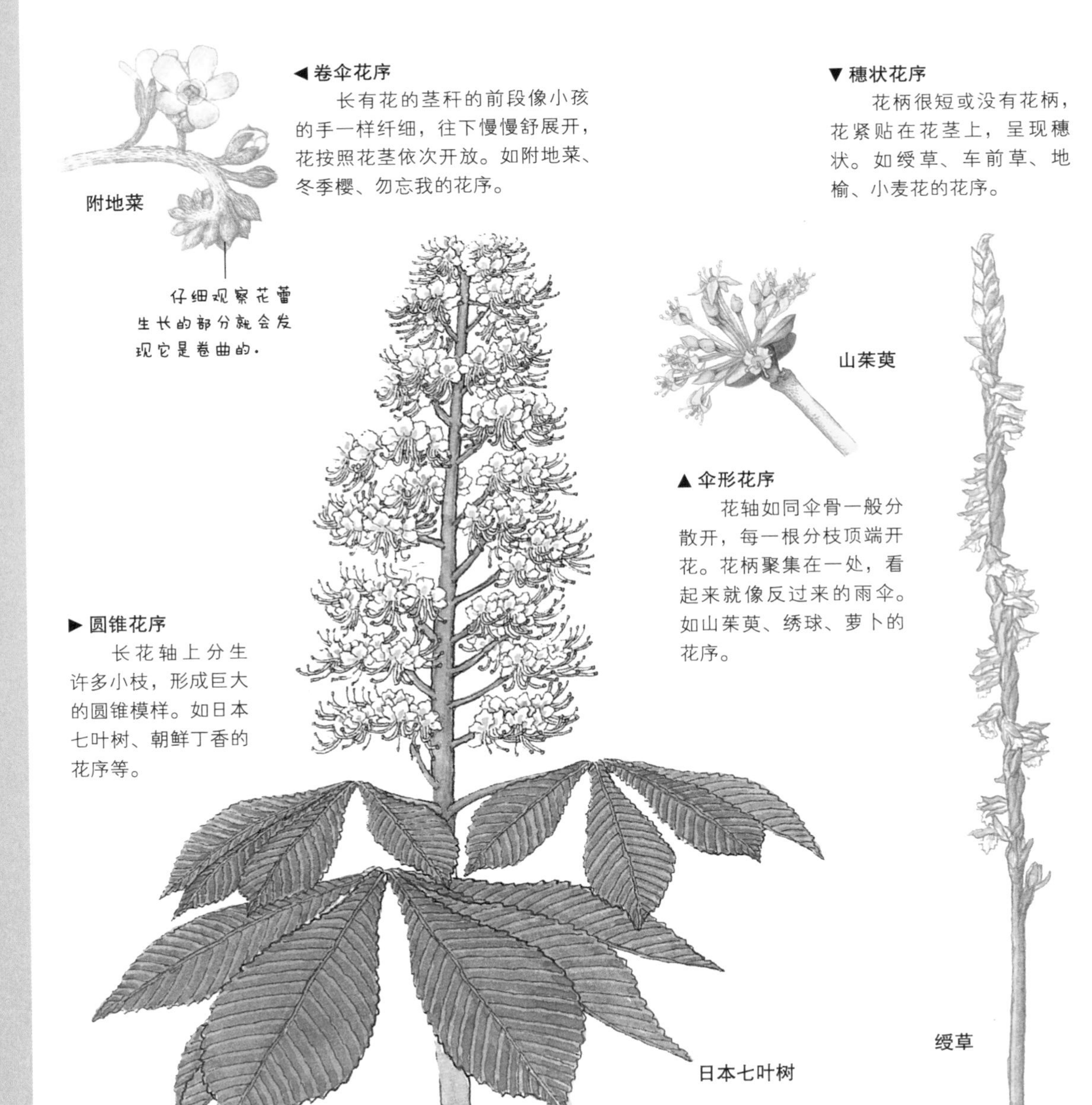

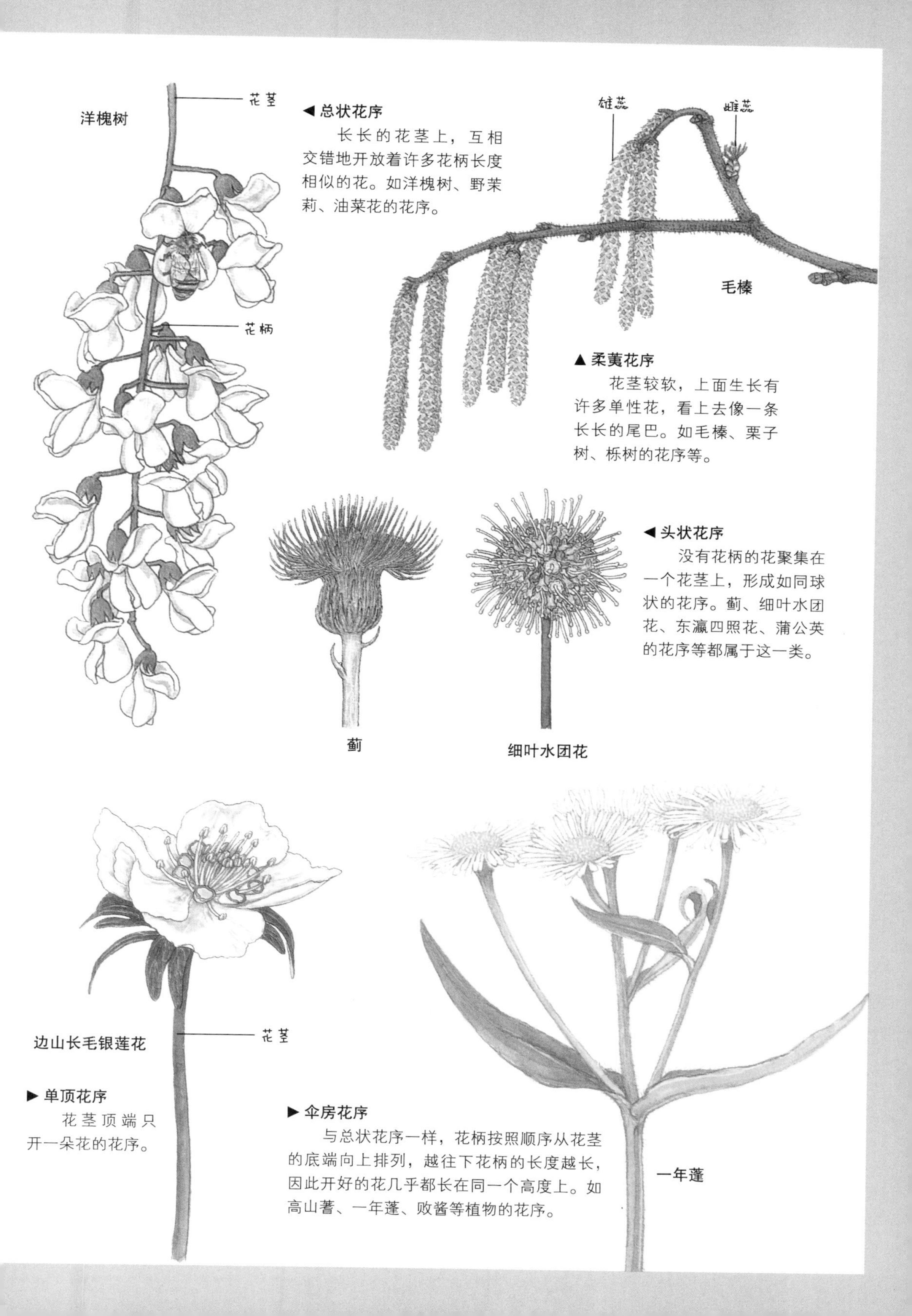


**◀ 总状花序**

长长的花茎上，互相交错地开放着许多花柄长度相似的花。如洋槐树、野茉莉、油菜花的花序。

**▲ 柔荑花序**

花茎较软，上面生长有许多单性花，看上去像一条长长的尾巴。如毛榛、栗子树、栎树的花序等。

**◀ 头状花序**

没有花柄的花聚集在一个花茎上，形成如同球状的花序。蓟、细叶水团花、东瀛四照花、蒲公英的花序等都属于这一类。

**▶ 单顶花序**

花茎顶端只开一朵花的花序。

**▶ 伞房花序**

与总状花序一样，花柄按照顺序从花茎的底端向上排列，越往下花柄的长度越长，因此开好的花几乎都长在同一个高度上。如高山蓍、一年蓬、败酱等植物的花序。

# 孕育种子的雌蕊与雄蕊

花冠中间的雌蕊和雄蕊能够
让植物长出种子，结出果实。
这里有一个有趣的现象，
雄蕊的数量大多与花瓣的数量相同，
或者是花瓣的倍数。

## 喜欢乘法的花瓣和雄蕊

花冠中间的雌蕊和雄蕊能够让植物长出种子，结出果实。

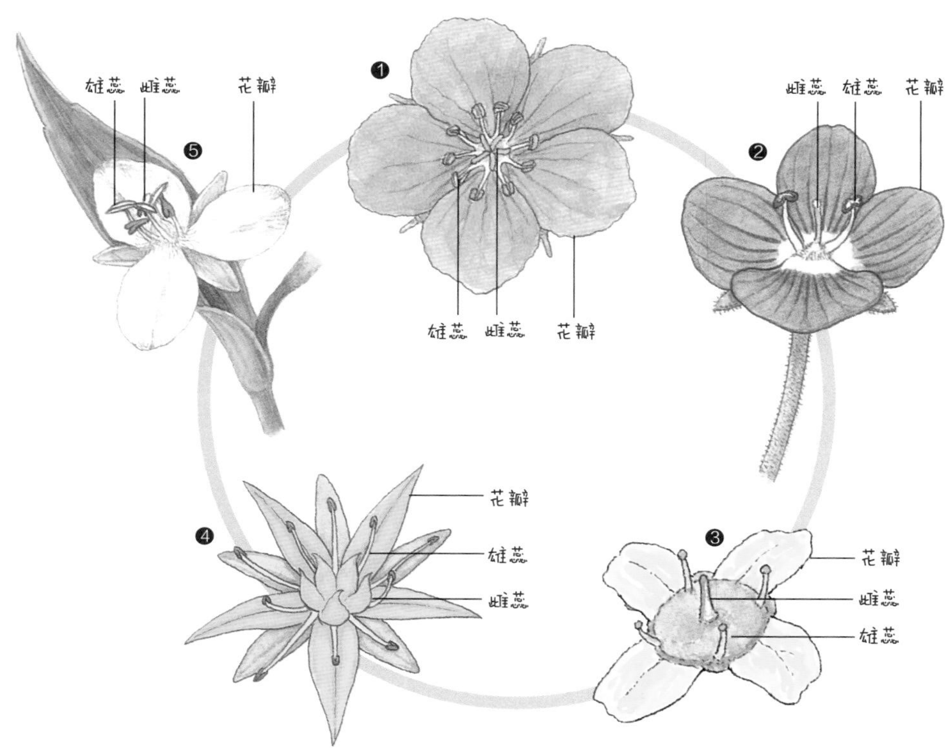


❶ **中日老鹳草** 雄蕊数量是花瓣数量的 2 倍。花瓣 5 片，雄蕊 10 根。
❷ **波斯婆婆纳** 雄蕊数量是花瓣数量的一半。花瓣 4 片，雄蕊 2 根。
❸ **鬼箭羽** 雄蕊与花瓣的数量相同，都是 4 个。
❹ **垂盆草** 雄蕊数量是花瓣数量的 2 倍。花瓣 5 片，雄蕊 10 根。
❺ **水竹草** 雄蕊数量是花瓣数量的 2 倍。花瓣 3 片，雄蕊 6 根。

这里有一个有趣的现象，雄蕊的数量大多与花瓣的数量相同，或者是花瓣的倍数。

中日老鹳草、垂盆草和水竹草的雄蕊数量是花瓣的 2 倍。波斯婆婆纳的花瓣是 4 瓣，雄蕊是 2 根。鬼箭羽的花瓣是 4 瓣，雄蕊的数量也是 4 根。

但并不是所有的植物都遵守这个规则。雄蕊的数量与花瓣数量不同或没有倍数关系也很多见。另外，很多园艺类重瓣花都是不遵守这个规则的。

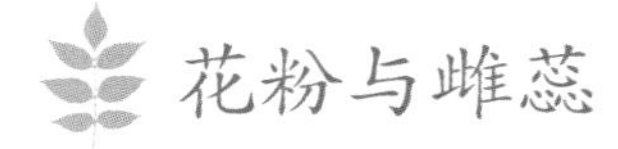

## 花粉与雌蕊

当清凉的春风吹拂过松树与枞树时，大家是否见到过一些黄色的物质飘过呢？这些黄色物质就是花粉，不仅是松树与枞树，大部分植物的花粉都是黄色的。夏天路边开出蓝色小花的鸡舌草，它的花粉也是黄色的。偶尔也有像圆叶茑萝那样花粉是白色的，还有像水竹草一样呈淡蓝色的。

同一种类的植物，花粉的大小与模样是一致的。

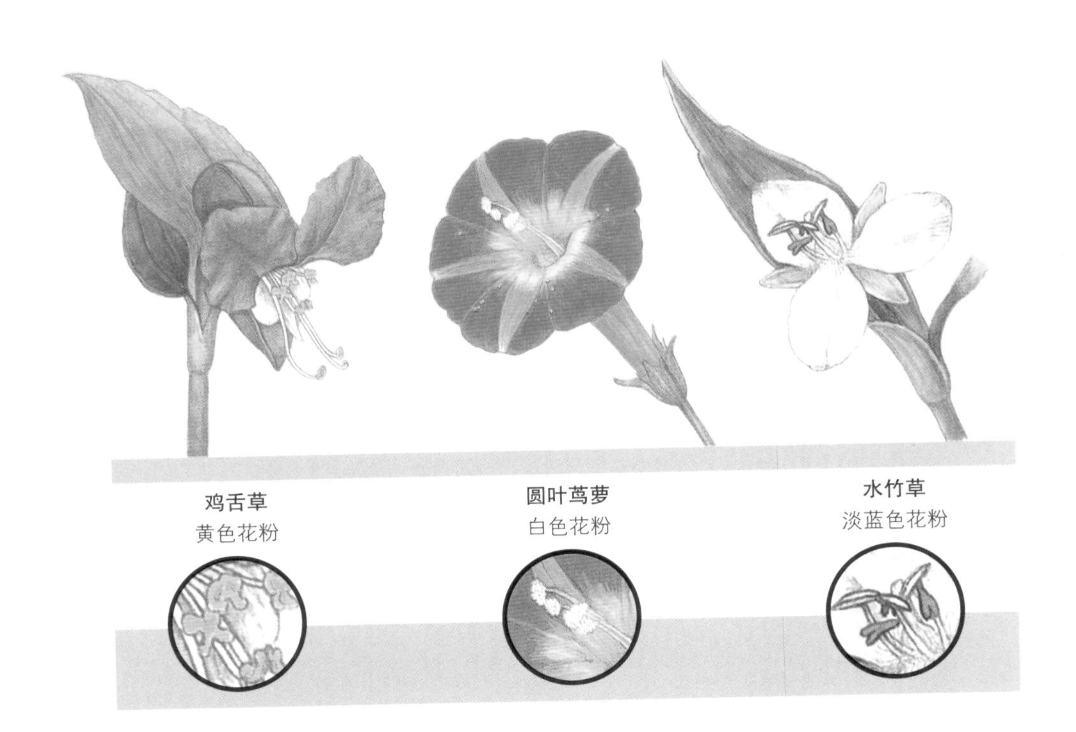


但不同种类之间，花粉的模样就完全不同了。用显微镜观察会发现花粉的形状千奇百怪，圆形、长条形、像麦粒一样的纤长形状、在球形的基础上被带子包裹起来的形状、棱角光滑的三角形、棱角平缓的六面体等，各自有各自的模样。这些花粉有的表面光滑，有的很细致，有的表面有整洁的纹理，有的有洞或槽。肉眼看得见的花朵和果实已经够神奇的了，用显微镜看到的花粉的世界更是超乎想象。

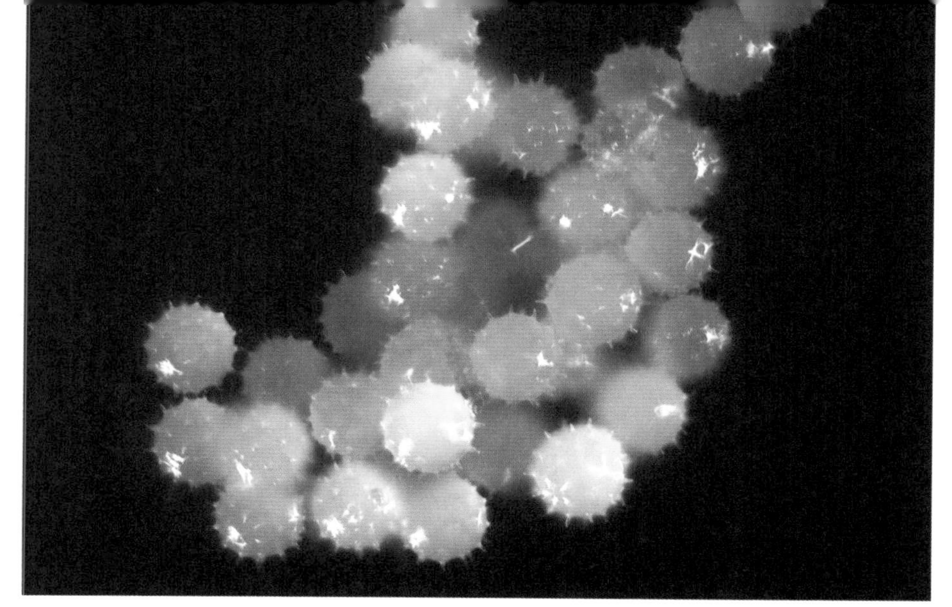

无穷花花粉的显微镜照片

每粒花粉都是一个单独的细胞。每个花粉细胞都由两层保护膜包裹着。外面的一层保护膜有色、有弹力、不透明。这层膜非常结实，能够防止花粉腐烂。考古学家们能够在古代地质层中找到花粉化石，也是因为有这一层膜的缘故。科学家们通过这些花粉化石能够知道很久之前地球的气候如何，还能推测出当时的植物世界又是怎样的。

花粉细胞内部的保护膜很薄、很光滑且不透明。保护膜内充满了黏稠的液体，一个非常小的颗粒在里面活动。这个小颗粒就是日后成为种子半个细胞的精核，相当于动物的精子，当它与雌蕊里的另外半个卵

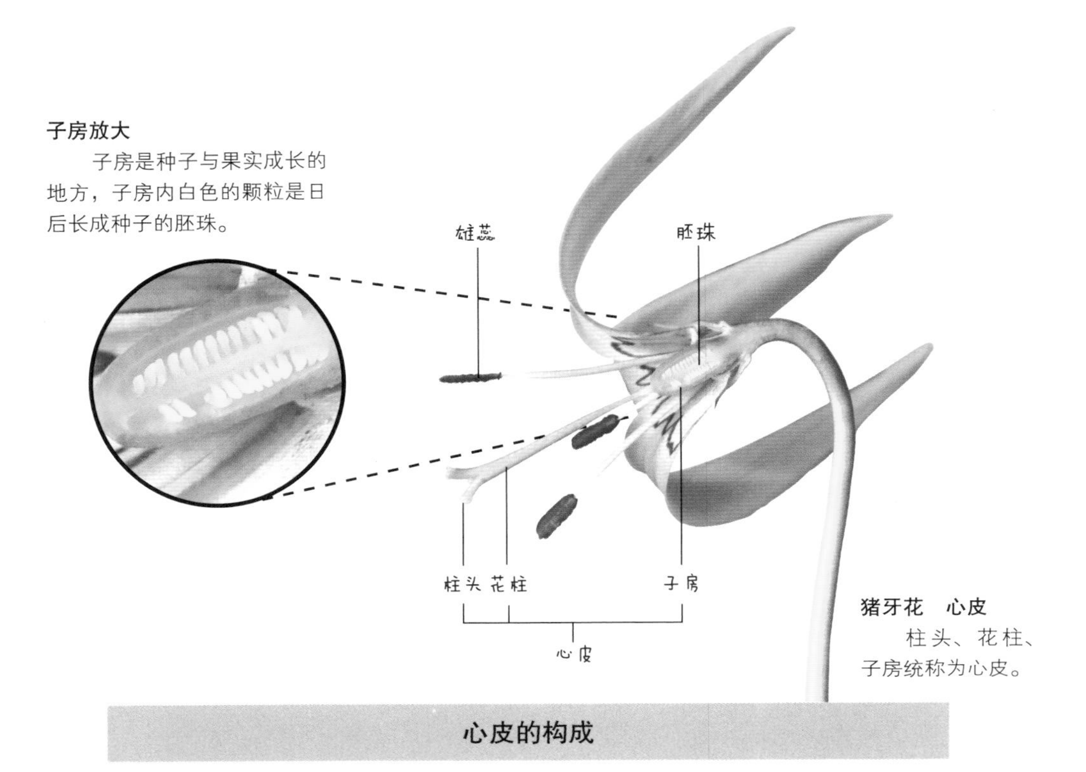


心皮的构成

细胞受精之后，才能够成为一个富有生命气息的完整的种子。

接下来让我们观察一下卵细胞制造种子的场所，也就是雌蕊的内部结构吧。花冠内形状酷似研杵（药师或者科学家把药物捣成粉末时使用的小型瓷器上的棒子）的东西就是雌蕊了。

雌蕊由柱头、花柱以及子房构成，它们统称为“心皮”。“心”是“心脏”的“心”，“皮”是“外皮”

的“皮”，可以解释为“相当于动物心脏一样重要的部分，被外皮包裹住了”的意思。根据植物种类的不同，有的植物只有一个心皮，有的则有好几个。

柱头的顶端分为 3 瓣且非常湿润，这里也是花粉受精的地方。花柱下端连接的鼓起的部分就是子房。子房里有可以发育成为种子的卵细胞，这里也是储存胚珠的地方。

一般植物都有一个子房或者更多。植物种类不同，子房的位置也会有所不同。

## 唤醒子房生命力的花粉

还记得我们前面提到过，一朵花中既有雌蕊又有雄蕊的是两性花，只有雌蕊或雄蕊的是单性花。但无论是单性花还是两性花，如果不授粉，子房都是会凋零的，而且无法结出果实，也无法产生种子。因为花粉是唯一能够唤醒子房生命力的物质。

提到花粉，有一个有趣的故事。生活在南非以及阿拉伯地区的绿洲地带的人们为了得到椰枣而种了很

多枣椰树。但是枣椰树的花是单性花，雌花与雄花分别开在不同的树上。因为在沙漠中可以种植树木的土地很少，没有多余的地方种植雄树。人们非常了解这一点，所以有意只种了雌树。等到开花的季节，人们就出去寻找野生的雄树，然后用力摇晃雄树，这样雄树的花粉就可以乘着风对雌树进行授粉。再等上一段时间，人们就可以开心地收获椰枣了。

既然提到了雌雄异体株，那么我们就顺便讲讲雌雄同体株吧。南瓜是开单性花的雌雄同体株，在同一株植物上既有雄花也有雌花。即使南瓜不开花，人们也可以分辨出雌雄。雌花的花冠下端挂着一个大大的子房，而雄花则没有。

接下来，我们来做一个关于南瓜的实验，虽然这个实验对南瓜来说有些残酷。在南瓜的花冠开放之前，把雄花全部从茎秆上剪断，而雌花原封不动地保留，然后用纱布或布条将雌花盖住。这样雌花就接触不到任何花粉了，连昆虫的传粉都可以避免。这样一来，雌花会怎么样呢？雌花会开始打蔫，变得很虚弱。最终子房完全凋零，而且再也无法长出南瓜了。

但如果在这样的情况下，雌花还非常想要结出南瓜的话，实验者应该怎么做呢？

用手指沾一些花粉放在柱头上就可以了。这样子房就能够结出果实，也可以长出种子了。

对于一朵既有雄蕊又有雌蕊的两性花，我们也可以做类似的实验，但是要非常小心才可以。在花药打开、花粉飞出来之前就要把雄蕊剪掉，然后用布把雌蕊盖起来，防止其他花粉沾到柱头上。然后子房也会逐渐凋零。但是在没有花药，雌蕊也被布盖起来的相同条件下，用毛笔蘸些花粉沾在柱头上，子房又会像什么事都没有发生过一样，重新工作起来。

## 去往子房的长途旅行

在花开放的瞬间，柱头就开始变得黏稠潮湿。所以，不仅是花本身花药中飞出的花粉，昆虫或风带来的其他花的花粉也很容易沾在柱头上。花粉像这样沾到柱头上的过程就称为花的授粉。

柱头沾上花粉以后就会分泌出黏稠的液体，液体慢慢浸透到花粉的内部。这个过程是为了让下面即将

**玉簪花**

柱头上端像水珠一样的东西就是为了浸湿花粉而流出的黏液。

发生的事情能够顺利进行。如果这个过程不慢慢进行的话，下面的事情都会受到阻碍。

所以，如果下雨了，雨滴落在花粉上，很快就会把花粉浸透。这会让保护花粉的膜遭到破坏，导致授粉无法正常进行。在果树们开花的季节，如果雨下得太过频繁，看守果园的人都会非常担心，就是由于这个原因。

只要不下雨，所有事情都可以慢慢地进行。花粉安全降落在潮湿的柱头上，然后萌发长出一根细长的管子，这就是花粉管。花粉管非常清楚自己的任务是什么。花粉管朝着雌蕊的底端不断延伸，可以说是为花粉开路。到底这条路通向哪里呢？答案是子房。所以花粉管的长度基本上与雌蕊整体的长度相当。

另外，虽然花粉管已经延伸到雌蕊底部，但花粉还停留在柱头上。这时包裹在花粉外部的膜会慢慢萎缩，里面的两个精核就露了出来。精核顺着花粉管已经铺好的路开始向下旅行。

然后精核要在这条比自己的直径长几百倍，甚至

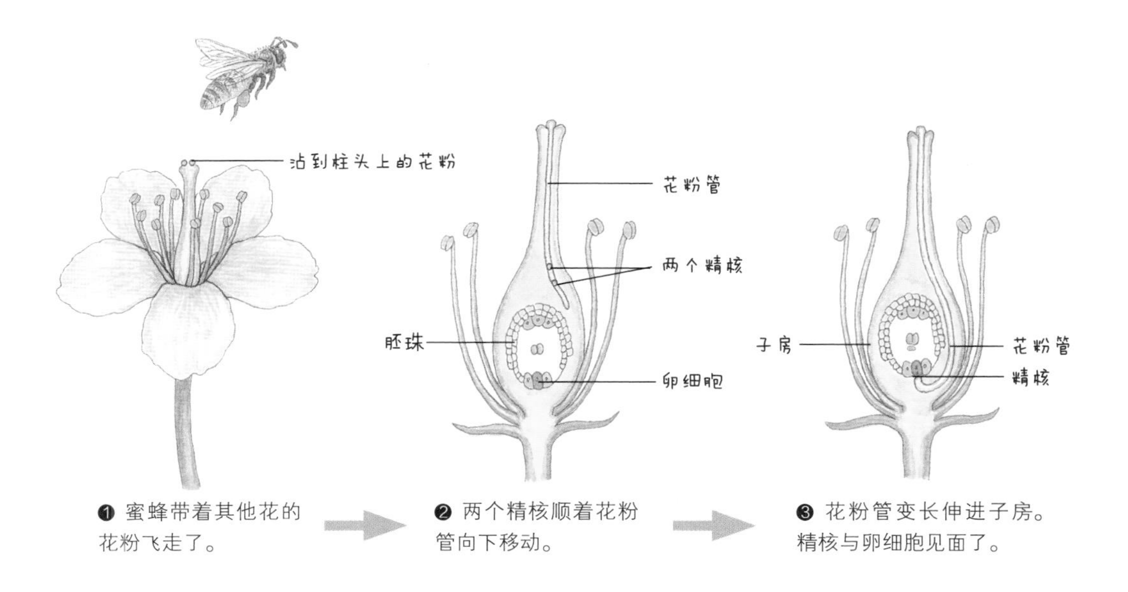


❶ 蜜蜂带着其他花的花粉飞走了。

❷ 两个精核顺着花粉管向下移动。

❸ 花粉管变长伸进子房。精核与卵细胞见面了。

几千倍的路上开始它漫长的旅行。有的植物只需要几小时的时间就可以完成授粉，但有的植物却需要几天，甚至几个月。松叶牡丹的授粉时间只要短短的 2 个小时，百合需要 2 天，而松树则需要 13 个月。

最后，精核终于走到花粉管的尽头，进入了子房。如此精巧的事情能够如此毫无误差地进行，真是令人不得不赞叹。植物们按照大自然赐予的本能，依靠天生的智慧完成了这一过程。在与子房相连的地方，精核慢慢地开始孕育新的生命。

## 自花授粉与异花授粉

还记得我们前面提到过，雄蕊上的花粉沾到雌蕊的柱头上就是授粉。想要完成授粉的过程，首先要将花粉从花药移到雌蕊上。这是所有的花都必须解决的问题。

授粉的方法有很多种。一种是在花内部进行授粉，或者是一株植物上的花之间进行授粉，这种现象称为“自花授粉”。另外一种情况是不同的花之间进行授粉，这种现象称为“异花授粉”。

那么哪一种授粉方式更好呢？它们各有各的长处和短处，所以很难断言哪种方式更好。从遗传学上看，自花授粉植物的后代与母体相似度较高，这在特定的地区可以向后代遗传适应环境的能力。而且自花授粉的大部分植物都不需要昆虫或其他动物的协助就可以进行繁殖。

但是异花授粉的益处是可以让植物生长得比自己的父母更加优秀，对环境的适应能力也会更强。

也许就是由于这个原因，就结构而言更容易进行自花授粉的两性花，也费尽了心思想要进行异花授粉。为此花朵们需要做一些相应的努力。

两性花为了进行异花授粉，想出了几个方法。首先，让一朵花种的雌蕊和雄蕊在不同的时间成熟。桔梗、凤仙花、臭梧桐的雌蕊比雄蕊先成熟。臭梧桐开花的时候四根雄蕊朝外，雌蕊下垂；到了第二天，雄蕊会全部下垂，雌蕊站了起来。如此这般交替进行，这样一来它就无法进行自花授粉了。还有一种方法是有意让花药和柱头隔开一段距离。

异花授粉的植物跟自花授粉的植物相比，花朵数

**臭梧桐树**

臭梧桐的花形状纤长，经常会有嘴巴很长的昆虫来采食花蜜。生活在南方的甘薯天蛾嘴巴细长，它就经常来找臭梧桐采蜜吃。

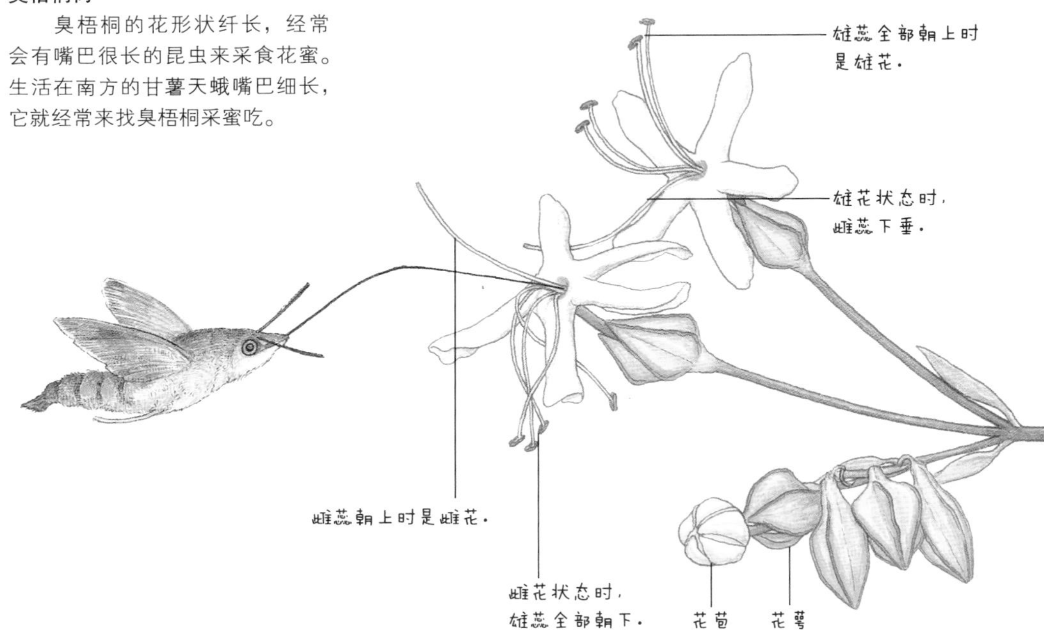


量多、芳香，花柄较长。一个花药里花粉的数量也相对充足。因为需要从远处接收花粉，所以就做好了这样的准备。

但是大家不觉得很神奇吗？花朵们竟然可以判断花粉是不是自己的。人们看到漂亮的鲜花，觉得好看，闻闻香味就结束了。但花朵们对雌蕊和雄蕊的长度，成熟的时机都十分考究。这一切都是为了长出更好的种子。所以人们随意采摘花朵，把玩之后又随意丢弃，对于梦想长出种子的植物而言是非常悲惨和委屈的事情。我们观赏和赠予微笑就足够了，随意采摘和攀折花朵的行为会令植物十分痛苦。

## 乘风旅行的花粉

植物一边努力做足准备，希望将自己的花粉传授出去，一边又准备好胚珠，等待接收花粉。无论是花粉还是胚珠，都是通过传递生命来帮助植物繁衍，以此维持子孙万代生机勃勃，使一个物种能够一直传递下去。

生命力旺盛的花粉有时也会去往很远的地方。花粉能够去那么远的地方都是因为有风的帮助。依靠风进行授粉的花叫作“风媒花”，也就是“以风为媒介的花”的意思。

风媒花有一个很好的例子。巴黎植物园里有两棵

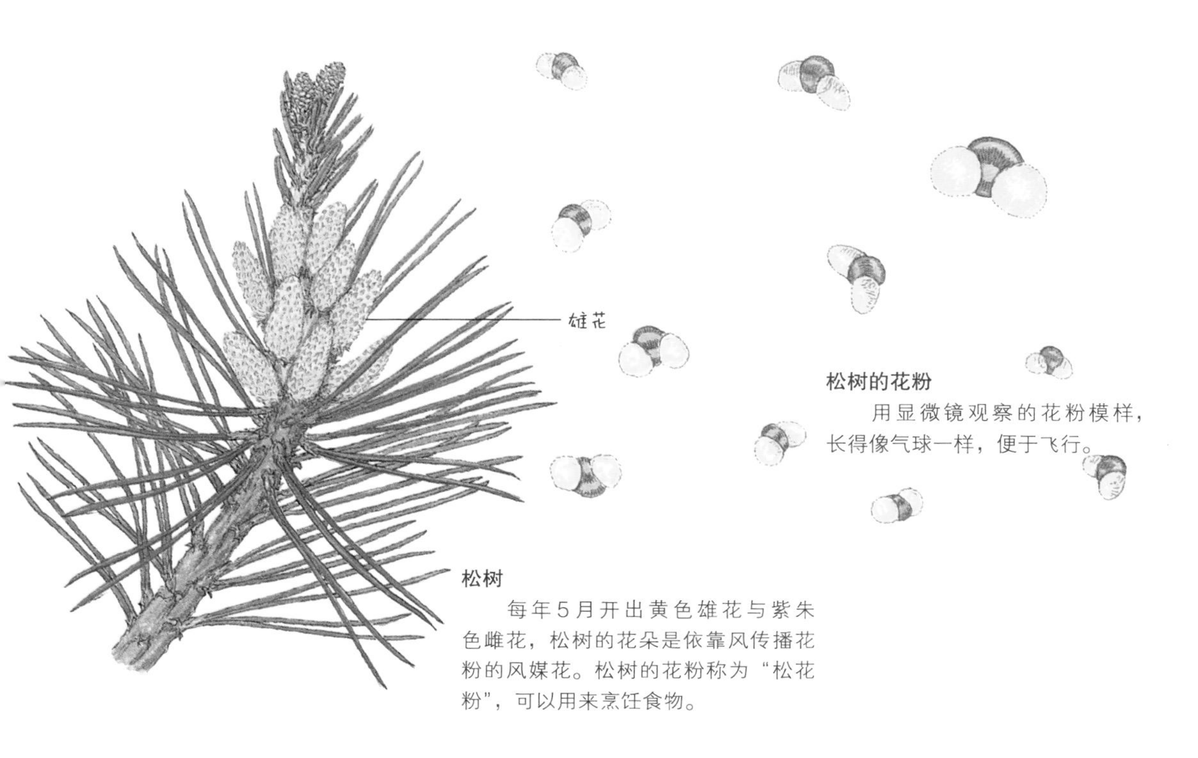


**松树的花粉**

用显微镜观察的花粉模样，长得像气球一样，便于飞行。

**松树**

每年5月开出黄色雄花与紫朱色雌花，松树的花朵是依靠风传播花粉的风媒花。松树的花粉称为“松花粉”，可以用来烹饪食物。

生长了很久的开心果雌树，这两棵树每年都只开花却结不出果实。但是有一年，突然发生了一件令人惊奇的事情。两棵树都结出了成熟的果实。

人们猜测一定是有人在附近种了开心果的雄树。

终于，人们开始调查这件事情，结果发现在巴黎郊区的树苗地里种的开心果雄树第一次开花了。花粉乘着风飞过巴黎城市的上空，穿越无数屋顶来到这里，

给一直沉睡的雌树带来了新的生命力，让它们结出了果实。

如果花粉想要依靠风进行传播的话，有一个条件是必须具备的，那就是花粉的量一定要足够。想象一下花粉团被一阵强风吹起的样子，有多少花粉能够去到它们想去的地方呢？其实这个概率非常低，有的时候甚至一颗花粉都无法到达目的地。因此为了预防这种意外发生，必须事先准备好足够多的花粉。而且为了能够让花粉更容易被风带走，花柄要够小，角度也要合适。

花粉依靠风进行传播是当植物无法吸引昆虫或鸟类时使用的方法。如果花有色彩华丽的花瓣、芬芳的香味，就可以吸引昆虫或看客。

## 诱惑昆虫的花朵

依靠昆虫进行授粉的花朵叫作“虫媒花”。蛾子和蝴蝶都有长长的嘴巴，这是用来喝花蜜的器官。当花蜜被藏在长长的吸管模样的花冠里时，昆虫们就用这个嘴巴来喝花蜜。昆虫的嘴巴平时完好地卷曲起来，一旦找到花蜜，它们就会将其舒展开伸进植物里。昆虫在喝花蜜的时候，雄蕊会随着轻轻晃动，花粉落在了蝴蝶或蛾子的身上。像这样身上沾满了花粉的昆虫，从一朵花飞到另一朵花上时，不知不觉间就完成了配送花粉的任务。

既然提到了传送花粉，那就不能不提到蜜蜂。蜜

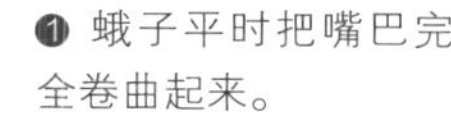

❶ 蛾子平时把嘴巴完全卷曲起来。

❷ 为了喝花蜜，把嘴巴舒展开来。

❸ 喝花蜜的时候，卷曲的嘴巴完全舒展开来。

蜂的嘴巴比较短，所以喝花蜜的时候整个脑袋都会埋进花朵里。喝完花蜜，蜜蜂全身都沾满了花粉，自然而然地就完成了花粉的传送。

这里还有一个有趣的现象。花在盛开之前是不会产生花蜜的，当花粉从花药中飞出来时，植物会产生大量的花蜜。就是说植物在最需要昆虫帮助的时候，也是产生花蜜最多的时候。长出种子之后，植物将不再产生花蜜，变得干涸。

**白车轴草**

白车轴草是依靠昆虫进行传粉的虫媒花。蜜蜂浑身蹭满了花粉，储藏在腿部的花粉袋中带走。

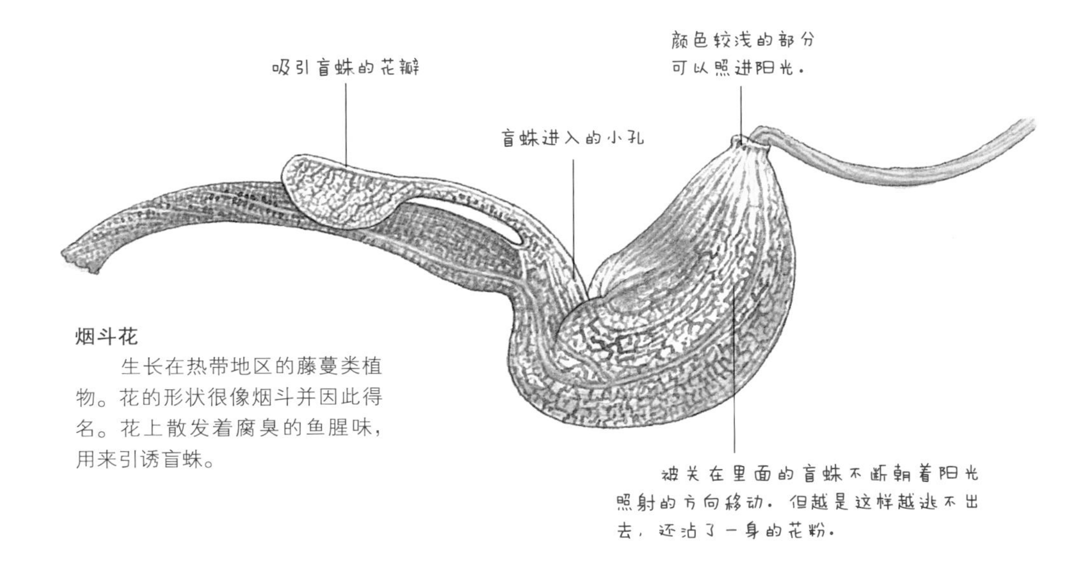


**烟斗花**

生长在热带地区的藤蔓类植物。花的形状很像烟斗并因此得名。花上散发着腐臭的鱼腥味，用来引诱盲蛛。

烟斗花的授粉过程十分有趣。在花药开放的前十天雌蕊就提前成熟了。这时，小小的盲蛛通过像管道一样的长长的花冠进入花的内部。花冠内部有很多向下生长的毛，这些毛成为障碍物，使得盲蛛只能一点点进入其中。而且当盲蛛想要重新出来的时候，这些毛也会阻挡它，令它无法出去。

在盲蛛想尽办法出去的时候，花药打开，花粉掉在了柱头上完成了授粉。那么盲蛛什么时候才能出来呢？等到花冠凋零，毛变得柔软的时候，盲蛛才能够

**日本活血丹**

通过斑点吸引昆虫，让昆虫安全降落在斑点上。

从中逃脱出来。

有的花为了有效地将昆虫引入花冠的更深处，在花瓣上做了向导的标志。因为这个标志需要足够鲜艳，所以一般采用橘黄色或黄色等鲜明的颜色。植物用颜

## 野凤仙花的授粉过程

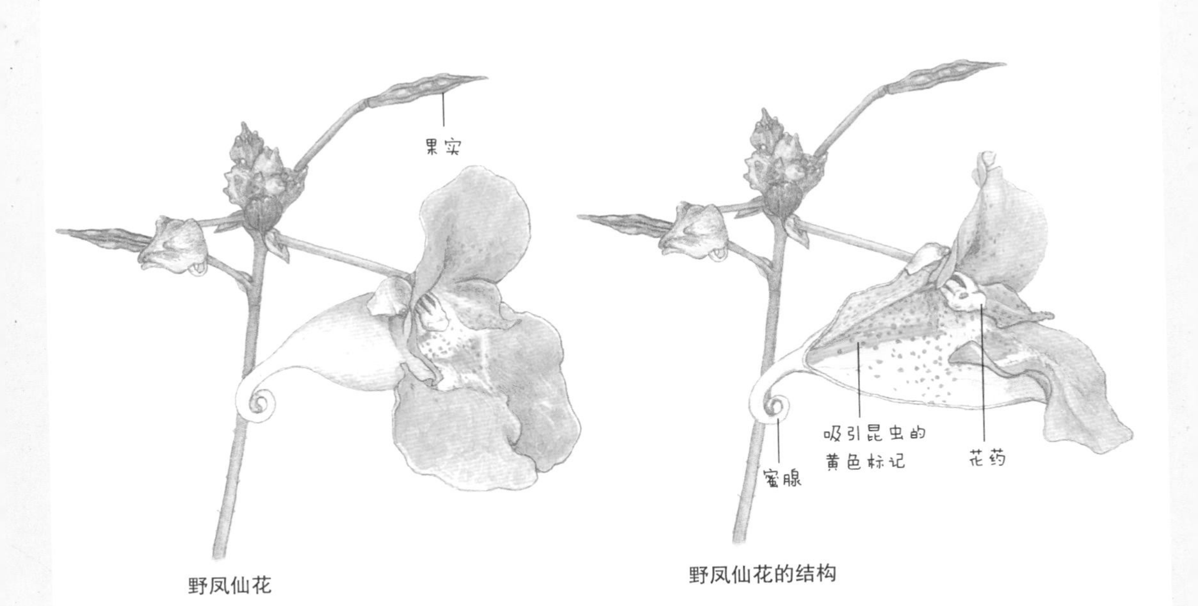


野凤仙花

野凤仙花的结构

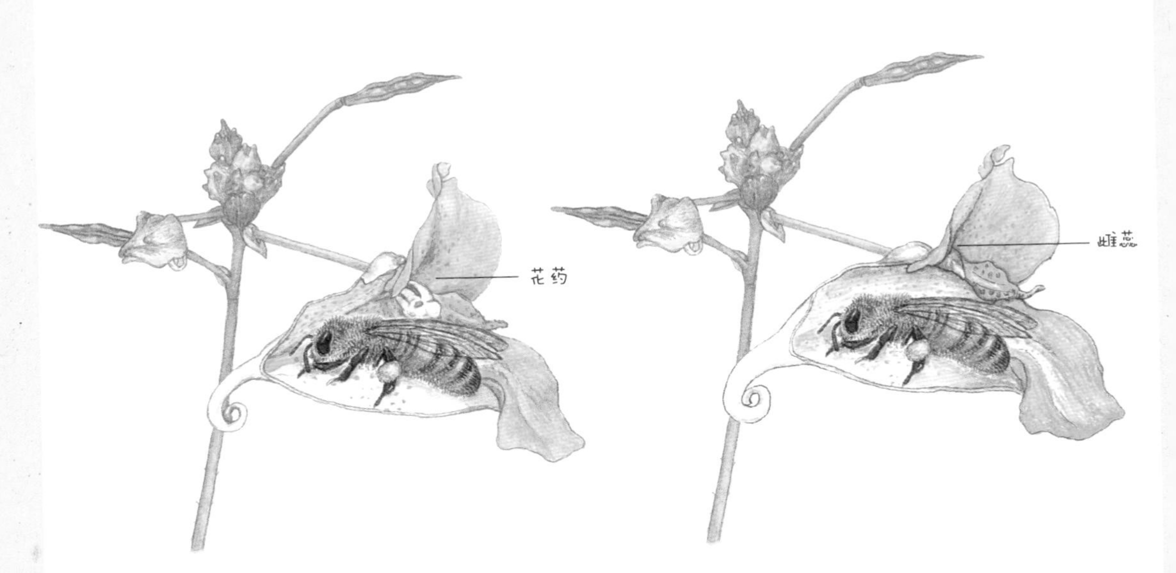


每当蜜蜂进入花朵时身上都沾满了花粉。

蜜蜂不断进出碰触花药，花药打开了，然后雌蕊出现，如果蜜蜂背上的花粉能够沾到雌蕊上就完成了授粉。

色明确地告诉昆虫们它们应该去向哪里。

日本活血丹的花冠上有紫色的斑点。这些斑点就是用来吸引蜜蜂的向导标志。蜜蜂看到这些斑点就会在花瓣上安全着陆，然后跟随斑点进入花冠的深处，在这期间沾满一身的花粉，完成授粉。

在深谷湿地，开出形似三角笠的红色花朵的野凤仙花，也有吸引昆虫的标记。仔细观察野凤仙花的花冠就会发现上面有黄色的标记。蜜蜂靠近野凤仙花的时候会不停地扑打黄色的部分，然后不断地深入花冠，到达蜜腺处。

喝完花蜜的蜜蜂飞到下一朵花上去，在这期间自然而然地就完成了授粉任务。

## 需要鸟儿帮助的花

用鸟儿取代昆虫进行授粉的花称为“鸟媒花”。山茶花需要绿绣眼（一种鸟类，分布于亚洲、非洲等地）的帮助来进行授粉。绿绣眼在采食花蜜的同时嘴上沾满了花粉，在很多朵花之间徘徊的同时帮助花朵授粉。

飞来采食花蜜的绿绣眼

## 把花粉撒到水面上

水对于花粉而言是非常危险的。花粉浸泡在水中会因为水过快渗透花粉而导致花粉保护膜遭到破坏。因此花必须开在没有水的空气中。但如果是这样的话，那些一辈子都生活在水中的植物是如何开花和授粉的呢？

水生植物的授粉过程非常有趣。苦草生长在水塘下面。苦草的叶子比海带更加细长，像散开的绸带一样。苦草属于单性花，雌雄异体株。雌花的花柄细长，花柄的某些部分像螺丝一样扭曲在一起。

等到花开的时候，雌花扭曲的部分慢慢舒展开来，直到伸长到水面上，才开出花来。雌花长着三个巨大的柱头，柱头被有防水作用的白毛包裹起来。与此相比，雄花的花柄非常短，直接就开在水里。

我们不妨试想一下，雌花在水面上，而雄花在水里，授粉要如何进行呢？这看似无解的问题，苦草却

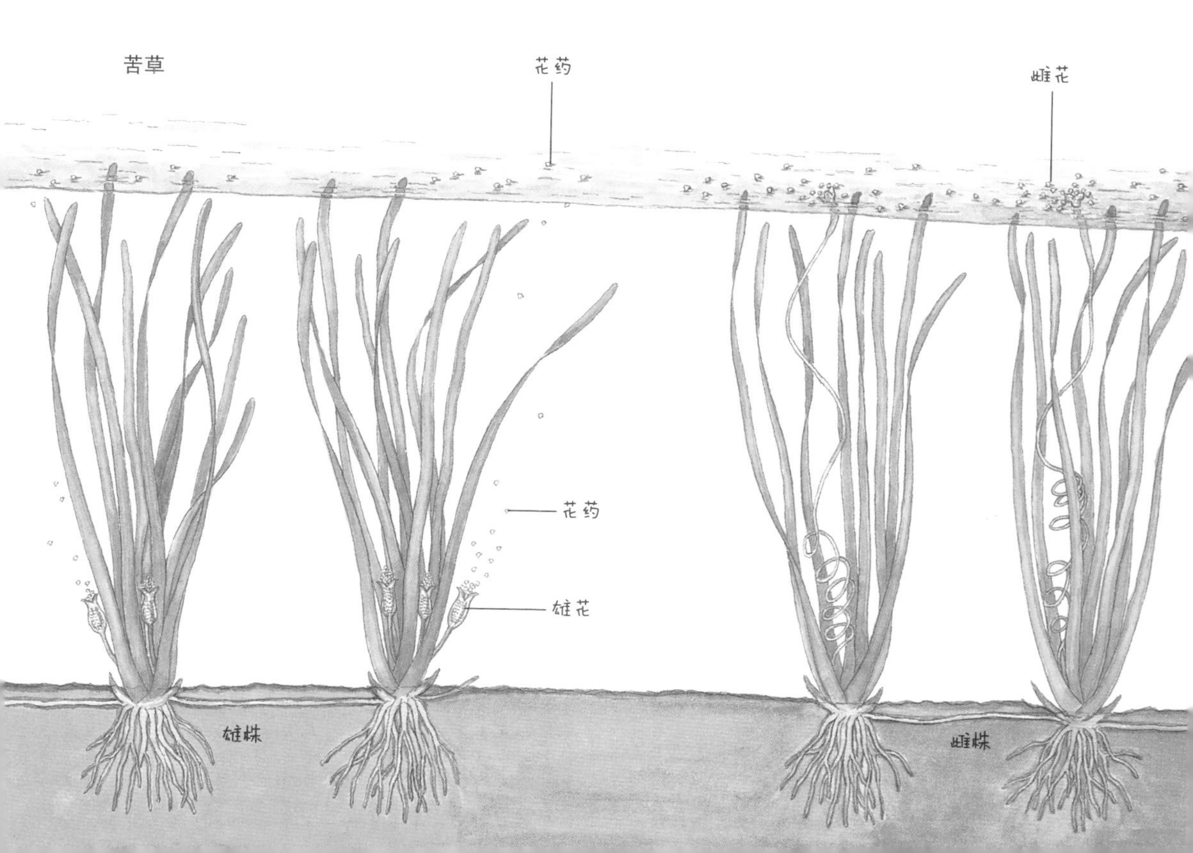

完美地解决了。雄花在水中时被紧闭的口袋保护了起来。等到时机成熟的时候，口袋打开，雄花获得自由，马上就浮到了水面上。浮在水面上的雄花到处漂荡，遇到了雌花就完成了授粉。完成授粉之后，雌花花柄重新像螺丝一样扭曲起来回到水底，在水底安静地孕育胚珠。

有句俗语叫“不能反抗就学会享受”。水生植物非常了解这句话的意思。虽然它们生活在非常危险的水中，但是它们不埋怨，而是选择非常特别的方式来保护自己的花朵。正如我们会为在困境中获得成功的人鼓掌一样，我们也应为水生植物的耐性与智慧送上真心的掌声。

## 关于杂交

每一种植物都需要自己的花粉或同类植物的花粉来进行授粉。

可是，如果植物来者不拒，接收了其他植物的花粉，会产生什么样的现象呢？产生花粉的花和提供子房的花的特征会彼此混合形成新的品种。这就是所谓的杂种。由此产生的种子是不会长出与父母相同的植物的。因此，植物博览会上每年都会有全新的植物品种被推出。而且它们的子女还会不断产生新的品种。像这样不断杂交下去，最终植物世界会完全失去平衡。

杂种是品种杂交而产生的。一种植物的雌蕊接收了其他植物的花粉，强制性地产生出新的品种。有时园艺家们为了得到其他颜色的花冠，或其他形状的叶片与果实，也会有意制造品种杂交的现象。

但是大部分的杂种都是无法繁殖后代的。它们的花虽然也有雌蕊与雄蕊，但是无法产生可以发芽的种子。大自然为了防止下一步的杂交，就准备了这样的防范措施，真是令人赞叹不已。无论如何，改变自然的规律不是人类可以随便达到的。

无论是参天大树还是小小的野草，保持自己单纯的种族，世世代代繁衍自己的子孙，对于所有植物而言都是最重要的。因此，大自然为了保护植物种族的特性，防止有人随意破坏，在每一种植物的体内注入了某种神秘的能量来保护它们。

然而人类却没有就此放弃，如果在杂交品种中出现有培养价值的品种，人类还是会努力保护它们。于是就出现了插枝、嫁接这样的技术。

但如果邻近的植物发生了意外的杂交情况，植株彼此间会自主避免杂交情况发生，杂交的植物就会慢慢恢复到原来的状态，失去杂交植物的特性。

# 守护种子安全的果实

所有的果实都有种子。
果实守护着种子完成繁殖任务，
保证子孙万代一直繁衍不息。

## 为什么有种子和果实呢？

完成授粉之后，花粉顺着花粉管落到雌蕊的底端，到达子房，然后花粉内的精核与子房内的胚珠相遇。另外，保护花朵的花萼与花冠完成任务后相继凋落。花柱枯萎，雄蕊也凋零了，花柄上除了果实什么都没有剩下。

花粉与孕育新生命的子房，现在开始工作了。它们的工作是让子房内的胚珠成熟。因为只有成熟的胚珠才拥有繁殖后代的能力。雌蕊的子房完全成熟，形成的包含种子的物质就是果实。因此法布尔说果实也是花，只不过是最后阶段的花而已。

所有的果实都有种子。除了种子以外的部分，无论人类如何看待它，对于植物而言其实都不重要，植物最重要的器官是种子。任何一种植物都需要由种子来完成繁殖的任务，以保证子孙万代一直繁衍不息。

但是子房还没有发育，保护子房的花萼和花冠都已经凋零，因此子房需要新的守护者。那么重要的种子，植物们不能放任不管。这一次子房的外壁成长起来，变成了种子的保护壳。这就是我们所说的果皮。

成熟的果皮从外向内分为外果皮、中果皮和内果皮。我们用桃子的果皮作为例子，仔细观察一下吧。吃桃子的时候我们剥开的最外层的薄薄的一层就是外果皮。外果皮是用来保护果实内部的，剥掉外果皮，剩下的就是人类食用的部分了。但无论人们喜不喜欢，人们吃的这个部分其实都只是桃子的中果皮而已。我们常说的桃子的核则是桃子的内果皮，桃子的内果皮非常坚硬，就像木头一样。

但是桃子为什么要制造一个那么坚硬，像石头一样的核呢？原因就在种子身上。人类或者动物也许会

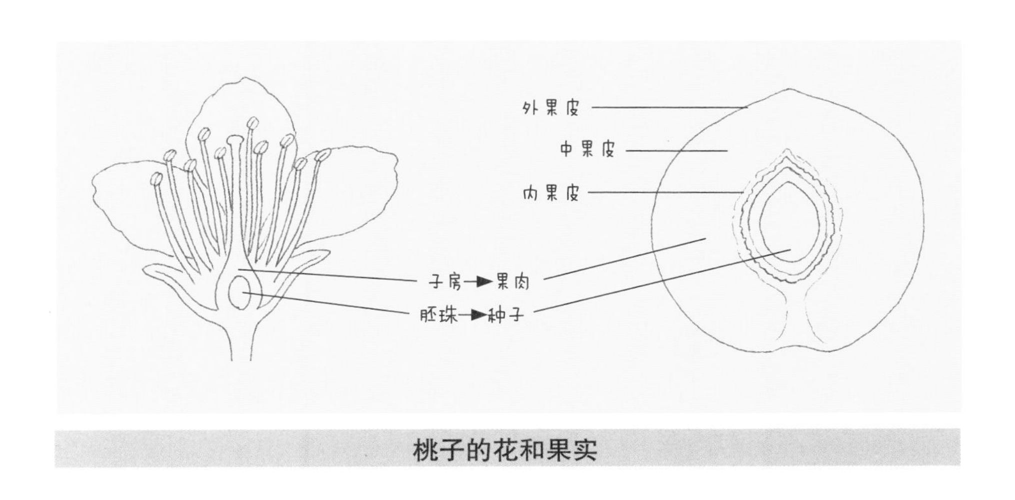


桃子的花和果实

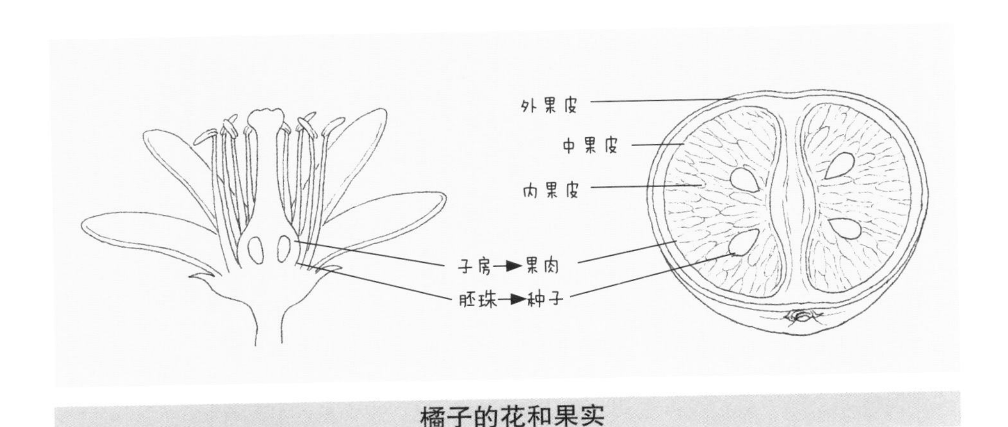

橘子的花和果实

吃掉桃子的中果皮，但不会吃内果皮里的种子，在种子发芽之前，桃子会想尽一切办法守护种子。

橘子和柠檬的果皮非常特别。首先，它们拥有独特的香味，这个香味的秘密就藏在果皮里。橘子最外层的黄色果皮中藏着很多油腺。中果皮呈白色海绵状，没有香味也没有味道。内果皮被一层层的薄膜分成好几瓣。在这一瓣瓣的内果皮中就有人们食用的果肉和植物的种子。

然而像西瓜、黄瓜、南瓜这类的葫芦科植物几乎找不到内果皮。

正如我们前面提到的，虽然是同样的果皮器官，但是不同的植物，果皮也各不相同。各种植物果皮形态的不同，使得人们可以区分各种果实，也给它们取了各自的名字。

# 果实的种类

种子应该远离植物的母体，因为母体的周围有太多的种子发芽生长，植物生长的空间严重不足。但是植物的种子无法自己移动到远处，因为它们不像人类有手有脚，所以它们只能依靠动物、风或者是水的帮助。于是果实就在接受动物、风或者水的帮助之前，以合适的状态生长成熟。因此，植物果实的种类也是多种多样的。有的植物的果实

山扁豆果实内部

山扁豆果实

◀ **荚果**

果实与豆荚相似，里面有很多粒种子。果实成熟之后，按照两条缝合线（果实裂开的线）打开，送出种子。

▼ **梨果**

花萼发育成为果肉。除了果肉之外的部分都属于果皮。果皮分为外果皮、中果皮、内果皮三个部分，其中包含种子。苹果、梨、木瓜属于这一类果实。

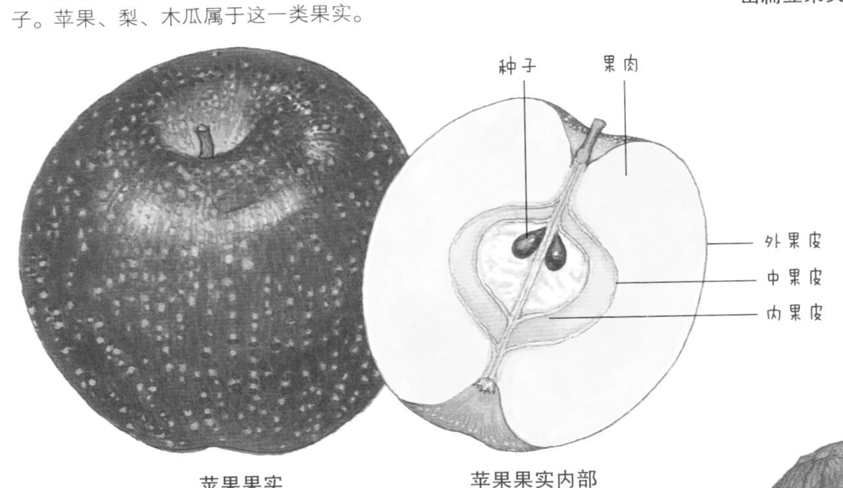


苹果果实

苹果果实内部

▶ **瘦果的聚合果**

聚合果的果实上聚集了很多雌蕊一起成长。草莓是非常小的瘦果的聚合果，人们吃的果肉是由花萼发育而来的。

种子

草莓果实内部

草莓果实

自己会打开传播种子，例如，栾树与山茶树的果实。有的植物却没有长果皮，例如，长裂苦苣菜与枫树的果实。还有的植物果肉非常发达，担任着吸引动物的角色，例如，苹果和桃子的果实。虽然动物可以食用包裹在种子之外的果实，但是无法消化种子，种子会随动物的排泄物排出体外，以此达到散播的目的。

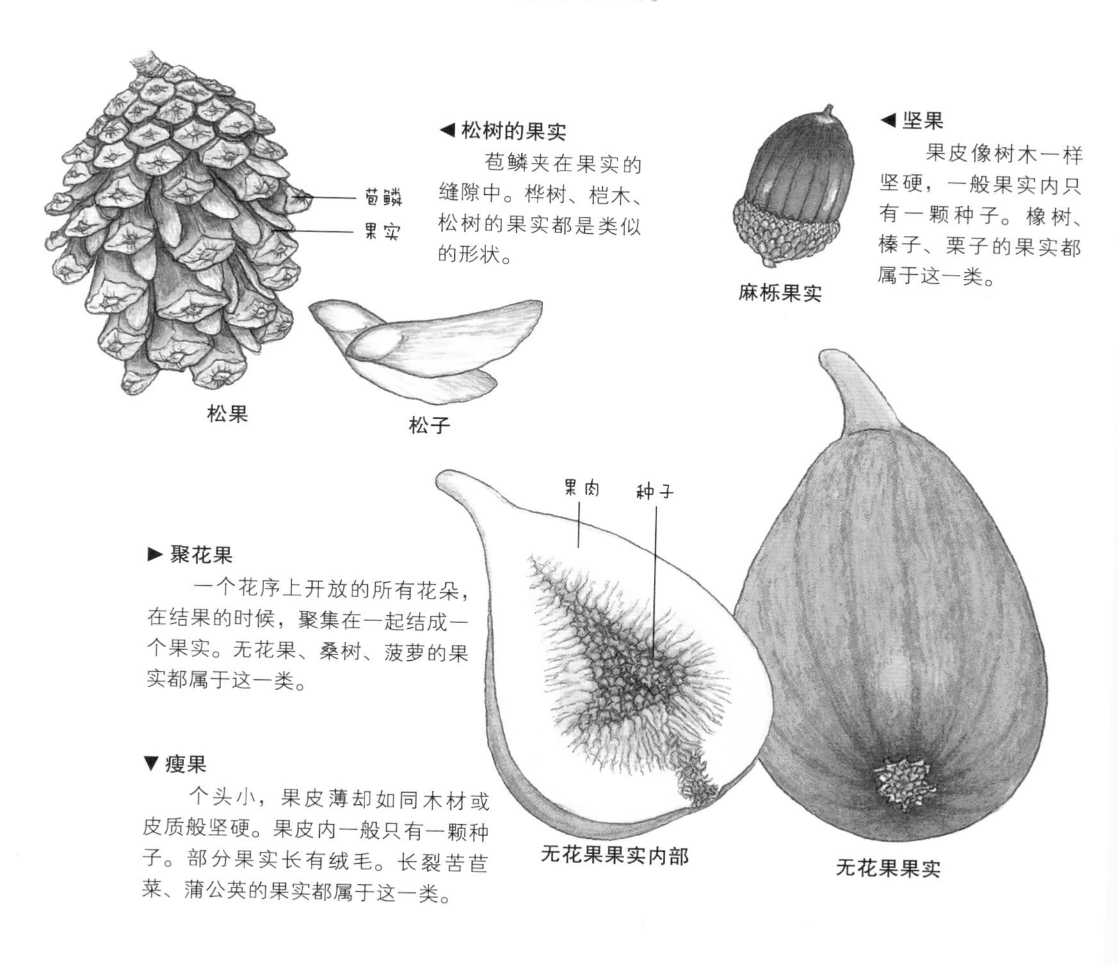


**◀松树的果实**

苞鳞夹在果实的缝隙中。桦树、桤木、松树的果实都是类似的形状。

**◀坚果**

果皮像树木一样坚硬，一般果实内只有一颗种子。橡树、榛子、栗子的果实都属于这一类。

**▶聚花果**

一个花序上开放的所有花朵，在结果的时候，聚集在一起结成一个果实。无花果、桑树、菠萝的果实都属于这一类。

**▼瘦果**

个头小，果皮薄却如同木材或皮质般坚硬。果皮内一般只有一颗种子。部分果实长有绒毛。长裂苦苣菜、蒲公英的果实都属于这一类。

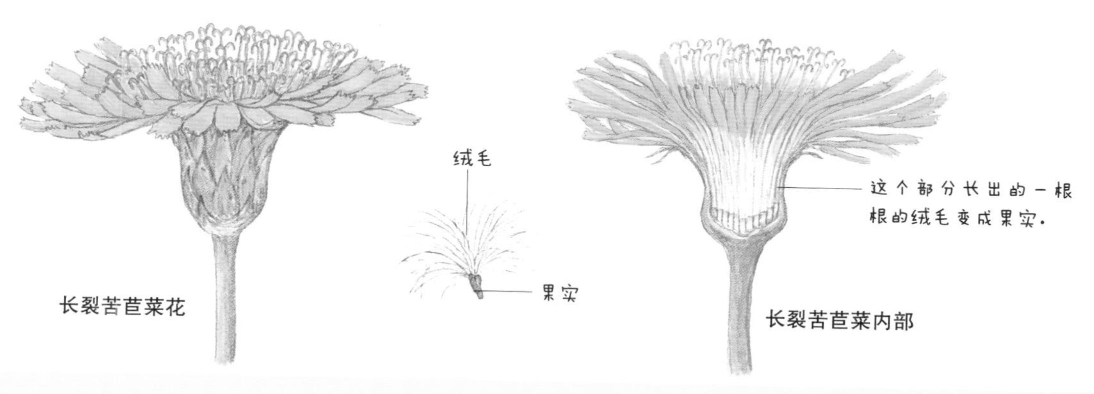

◀ 瓠果

果皮略显坚硬。哈密瓜、西瓜、南瓜的果实都属于这一类。

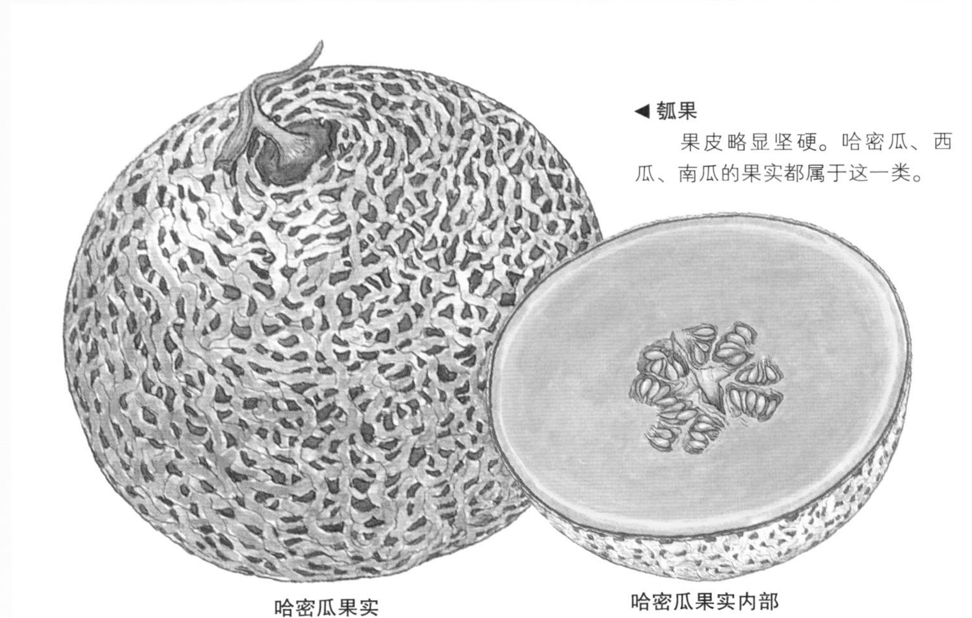

哈密瓜果实　　哈密瓜果实内部

► 浆果

果肉、果汁丰富，果皮内长有很多种子。西红柿、葡萄的果实都属于这一类。

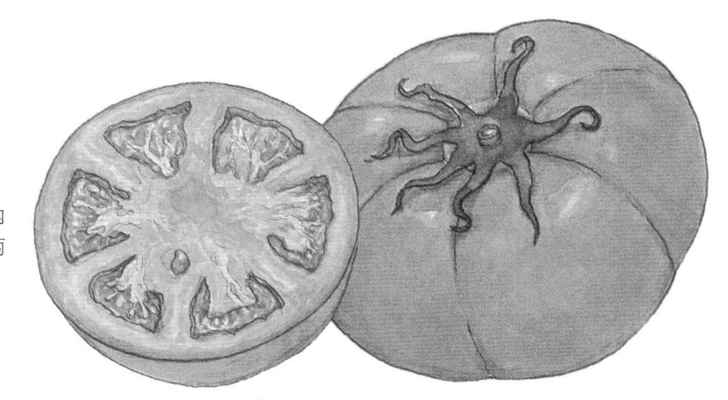

西红柿果实内部　　西红柿果实

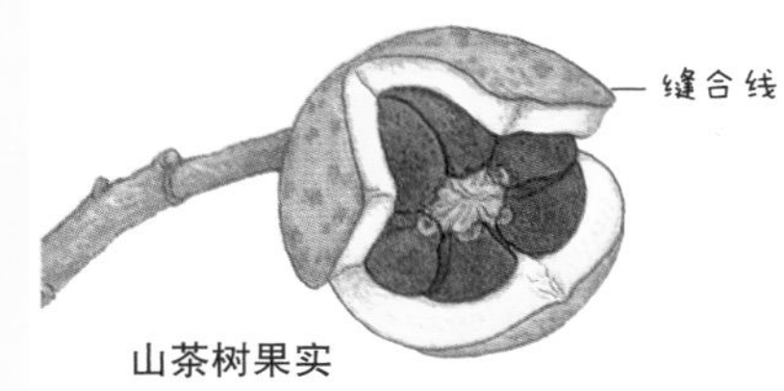


山茶树果实

◀ 蒴果

果实内部分成几个果瓣，每一瓣里都有种子。山茶树、栾树的果实都属于这一类。有的果实按照凹陷的线自行裂开，例如东北堇菜。有的果实打开一个小孔，种子从小孔中出来，例如罂粟花。

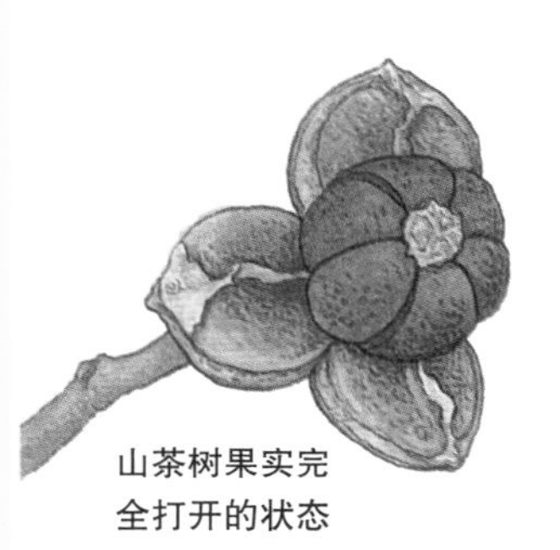

山茶树果实完全打开的状态

栾树果实　　栾树果实内部

石榴果实　　石榴果实内部

◀ **石榴果实**

石榴果实上下分为好几个区域，果皮与果肉相连。每个区域内种子被包裹在透明的小口袋里。

▶ **核果**

内果皮非常坚硬，里面有一粒种子。桃子树、樱花树、杏树的果实都属于这一类。

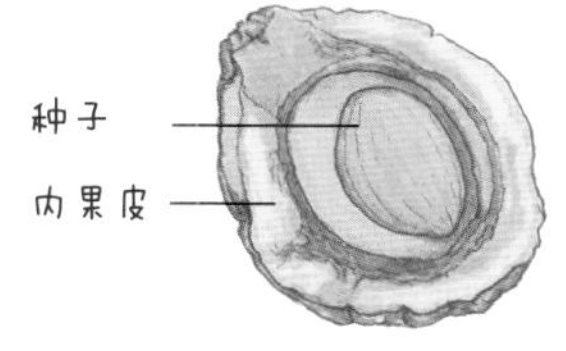


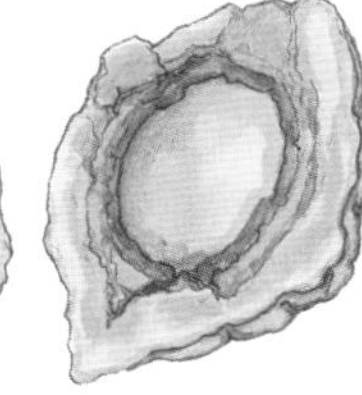

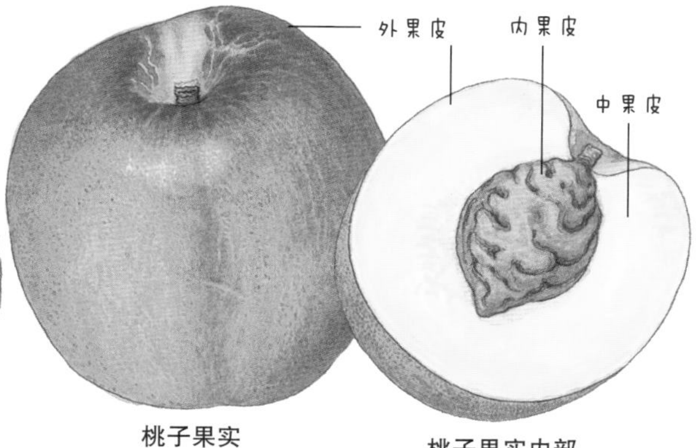


桃子果实　　桃子果实内部

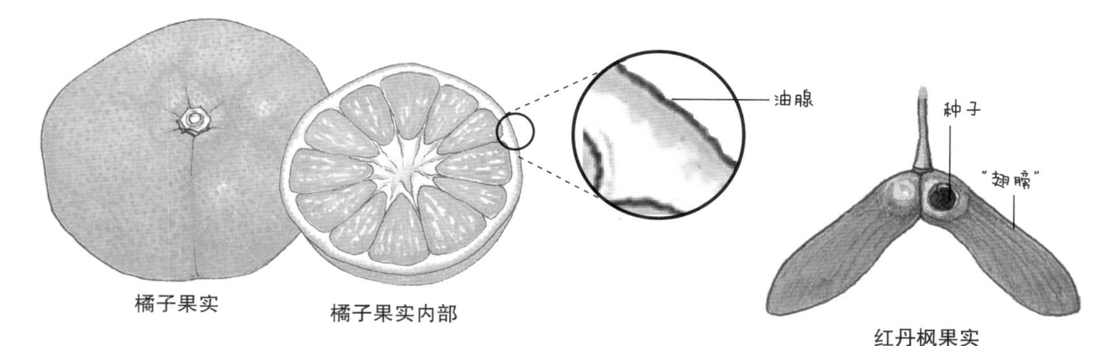


橘子果实　　橘子果实内部　　红丹枫果实

▲ **柑果**

外果皮厚实，油腺发达。白色部分是中果皮，内果皮分为很多瓣，内果皮的果粒中盛放着果汁。橘子、橙子、柠檬的果实都属于这一类。

▲ **翅果**

果皮看上去像长长的翅膀，可以迎风飞翔。丹枫、榆树、花曲柳的果实属于这一类。

# 全新的开始——种子

有的植物为了播种，
将果皮的一部分变成了翅膀，
帮助种子飞过房屋、
楼房、高墙和陡峭的石壁，
最终遇到土壤，生根发芽。

## 植物的心肝，种子

法布尔认为动物的卵与植物的种子非常相似。为什么会觉得相似呢？因为卵的外壳与种子的皮都起到了保护作用。卵的卵白和种子的胚乳都是提供营养的部分。而且种子和卵都有各自的胚（从胚珠成长为植物的部分，胚是一切生物的原形），种子和卵有的职责相同，卵的孵化与种子的发芽都是一个新生命的开始。

让我们重新回到植物的话题上来。植物的种子根据品种的不同，大小、形状、颜色、质感都存在很大

种子的构造

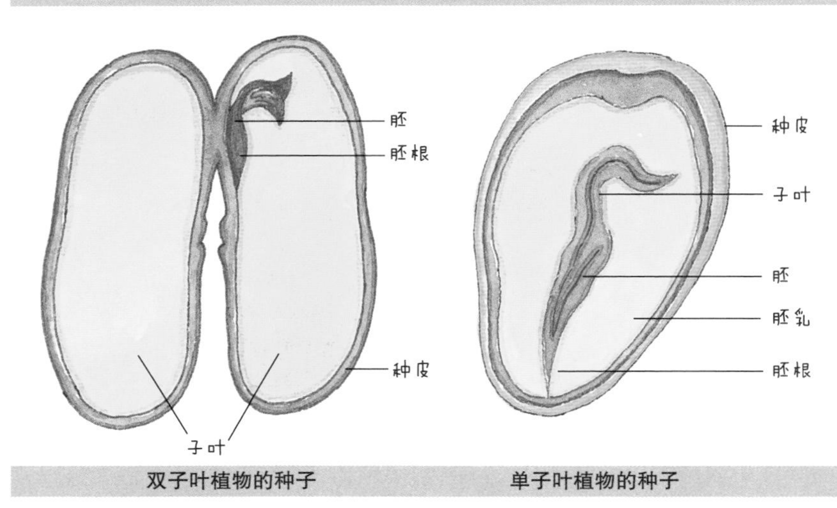


双子叶植物的种子　　单子叶植物的种子

不同。不同植物的叶子不同，花不同，种子也不同，而且还有一个非常大的不同点：有的植物拥有营养供给处——胚乳，但有的植物却以子叶来代替胚乳的作用。

有胚乳的种子是双子叶植物。一听名字就知道，这类种子带有两片子叶。子叶里含有丰富的营养，种子发芽之后破土而出的第一片叶子就是子叶发育而成的。而后长出的叶子以及茎秆都是从子叶中一点点汲取营养的。

单子叶植物正如其名，只有一片子叶。但是单子叶植物的子叶营养成分不够充足。因为胚乳中的营养多到不行，所以子叶不必承担提供营养的角色。

无论是选择了胚乳还是子叶，植物对于培养新生命都做足了准备，丝毫不敢疏忽。

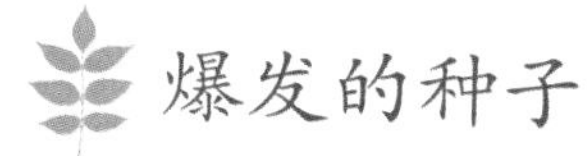

## 爆发的种子

果实都成熟了，种子也发育得很好。下面要做什么呢？

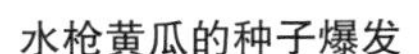

**水枪黄瓜的种子爆发**

果实成熟之后，果实里的种子和水会一起像火山爆发一样出来。

果实的这个部分成熟之后会变成液体。

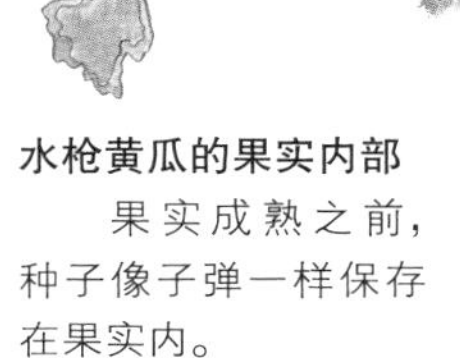

**水枪黄瓜的果实内部**

果实成熟之前，种子像子弹一样保存在果实内。

**水枪黄瓜的果实**

果实成熟之前连接在茎秆上。

种子要分散开来各自寻找日后生活的土地了，到了条件合适的地方就要准备发芽，而植物发芽的本能是非常令人震惊的。

在地中海地区，在路边的草丛里人们经常可以看到一种被称为“水枪黄瓜”的植物。看名字这似乎是一种黄瓜，但它的果实比一般黄瓜小，大概也就是椰枣的大小。

水枪黄瓜的外壳粗糙，果实的味道很苦。水枪黄瓜的底端长着一个像瓶塞一样的东西。等到果实成熟的时候，果实内部、种子周围的组织就会变成液体。液体塞满果实内部时就是种子离开果实的时候了。果实越成熟，果皮绷得越紧，果实内部的压力也就越高。等到压力大到表皮无法承受时，果实底端的塞子就会像软木塞一样从接口飞出去。这时种子和液体就会像喷射机一样从果实里飞出来，射程达3～6米。水枪黄瓜的果实成熟时，草丛里会发出小小的爆破声，然后有不明物体毫无预警地飞溅出来。如果有人随意触碰果实，一定会被吓一大跳。

生长在水边、会开出美丽花朵的野凤仙花的果实像一个巨大的绿色口袋。果实成熟的时候，口袋就会变得圆鼓鼓的。等到果实完全成熟的时候，口袋就会自己爆开，把种子朝四面八方发射出去。完全成熟的野凤仙果实，用手指轻轻触碰就会爆开。甚至很轻的脚步声也会吓到它们。果实爆开的时候，果皮就会像弹簧一样卷起来。

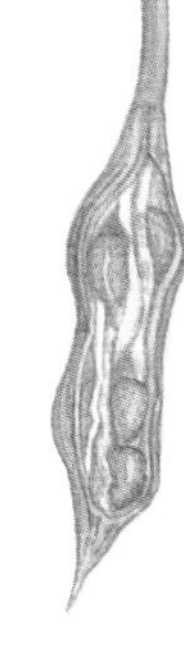

**野凤仙花果实内部**

果实里绿色的种子成熟后就变成了黑色，从果实中爆开。

##  随风飞向远方的种子

跟脾气暴躁的种子不同，有的种子性格温和但也可以到远方旅行。蒲公英、蓟、萝藦的种子就是悄无声息地、温柔地从植物身上离开的。这些种子都长有柔软的绒毛，种子身上长长的绒毛被称为“冠毛”。冠毛可以让种子飘浮在空中，帮助种子完成长途旅行。微风甚至能够带着种子穿越山脉。

像这样旅行的种子需要具备几个条件。首先，种子越小越好，越轻越好。其次，为了能够乘着微弱的

风飞翔，种子要干燥没有水分。再次，还要保证种子不会掉过头来。如果种子落到地上时，冠毛先着地的话，种子只能被迫停留在地面上，这样会对种子的发芽造成影响。值得庆幸的是大部分的种子都比冠毛要重。所以在旅行的时候种子都位于底端，像一朵朵降落伞一样安全地着陆。我们可以摘一朵成熟的蒲公英，朝着它吹一口气。观察飞翔在空中的蒲公英种子，你会发现它们都是冠毛在上，种子在下。

为了播种，有的植物将果皮的一部分变成了翅膀。这双翅膀能够帮助种子飞过房屋、楼房、高墙和陡峭的石壁，只要是有土壤的地方，种子都会毫不犹

**蒲公英的种子**

紧贴在茎秆上的无数种子，有风吹过的时候，它们就会一颗一颗地飞走。

冠毛

**萝藦**

生长在平原上的藤本植物。每年的七八月份在叶腋部位会长出淡青莲色的花。划开茎秆或叶子会流出牛奶般的白色液体。种子上的冠毛可以用来做针插或印泥。

豫地生根发芽。

松树的果实叫作“松果”。起风的时候，松子在“翅膀”的帮助下乘着风飞到远方，落在空地上就会发芽。小小的果实从“翅膀”上脱落，打开坚硬的外壳，里面有一颗小小的种子。

丹枫树的果实有一双“翅膀”，就像鸟儿张开的翅膀一样。它们就像真的翅膀一样可以飞翔，甚至可以穿越暴风雨，旅行到远方。

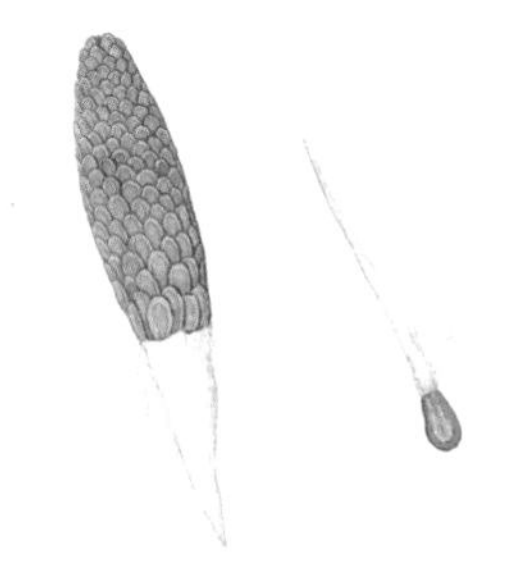

**萝藦的种子蘼**

打开萝藦的果实会发现里面有很多排列整齐的种子。果实打开的时候，种子上的冠毛舒展开，有风吹过的时候，它们就会乘着风飞向远方。

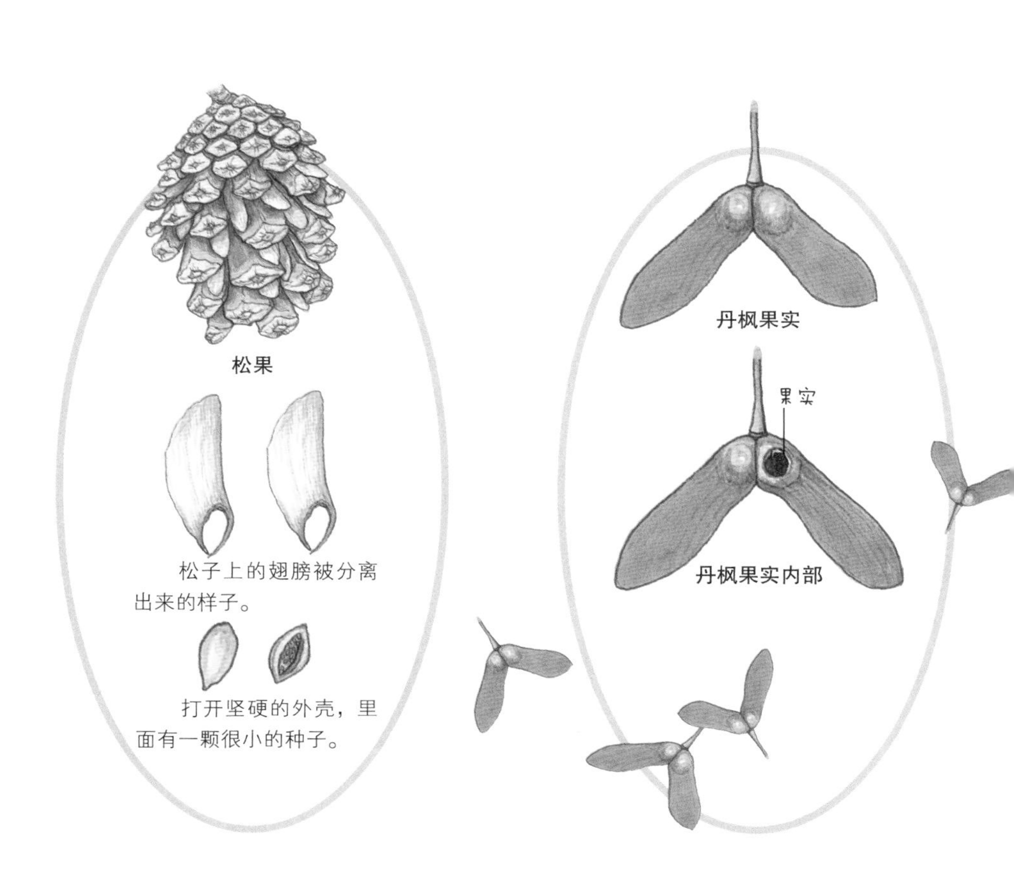

## 需要水或动物帮助的种子

有些种子是依靠水来旅行的。这些种子被很好地保护起来，不受水的侵蚀。生长在热带地区岛屿上的椰子，就是把自己的种子放在了坚硬的外壳里。

这结实的种子会随着坚硬的外壳浮在水面上，不会发霉也不会腐烂，可以长时间随着波涛流浪远方。种子们乘着波涛从一个小岛旅行到另一个小岛，等到达陆地时，它们就会在新的土地上生根发芽。

而且不只是大海里才有水的哦。生长在山上的植物可以顺着雨水到外面旅行。开在水面上的神秘的莲花也是将果实送到水中来播种。

有的种子需要动物来帮助它们播种。有的植物长有坚硬的倒钩、刺或绒毛，它们将种子钩在羊或野生

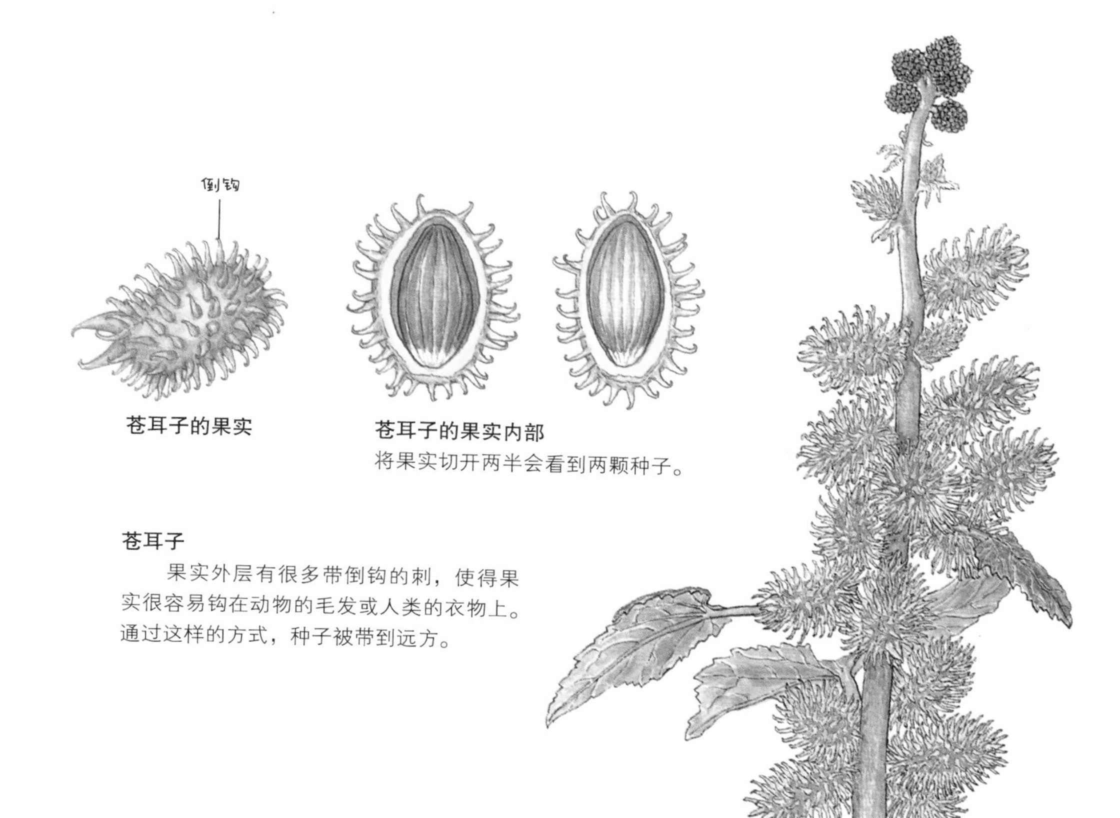


**苍耳子的果实**

**苍耳子的果实内部**

将果实切开两半会看到两颗种子。

**苍耳子**

果实外层有很多带倒钩的刺，使得果实很容易钩在动物的毛发或人类的衣物上。通过这样的方式，种子被带到远方。

**鬼针草的刺**

动物经过鬼针草丛时，果实顶端长长的刺会钩在动物的绒毛上，通过这样的方式，种子被带到远方。

动物的皮毛上，甚至人类的衣服上。生长在路边的狼尾草、尖叶长柄山蚂蝗、苍耳子、鬼针草的果实都是靠这种方式进行秘密旅行的。

果实因为重量的关系，只能掉在树底下。但是有的时候它们也可以借助鸟儿或哺乳类动物的力量去远方旅行。事实上，这类果实为了吸引鸟类和哺乳动物的注意力，大多“浓妆艳抹”，色泽鲜艳，而且以红色居多。果实进入鸟类和哺乳动物的肠胃之后，只有果肉的部分会被消化掉。种子因为有坚硬的外壳保护，所以经过胃肠的洗礼也依然毫发无损。等到鸟类或哺乳动物将种子随排泄物排出体外时，种子才开始准备发芽。

而且有的种子必须经过鸟类的肠胃才会发芽。因为鸟类肠胃里的消化酶能够帮种子消除阻碍种子发芽的妨碍物。像这样借助鸟类或哺乳动物的力量，种子也能够离开故土，翻越山丘，跨过大海。

还有的种子靠田鼠或松鼠来帮它们播种。田鼠为

**栗耳短脚鹎和山桐子果实**

秋天到来的时候，山桐子会结出一串串像葡萄一样的红色果实。栗耳短脚鹎会飞来将山桐子的果实囫囵吞下去。但是栗耳短脚鹎无法消化种子，所以种子会随着粪便排出，生根发芽。栗耳短脚鹎相当于在帮助山桐子向远方播种。

了过冬会搜集许多核桃、橡子、榛子的果实，并将它们带到地下。但是有的时候田鼠会死亡，或者忘记自己把果实放在什么地方了。这样一来，种子就可以不受任何人的打扰，等到春天来临的时候发芽了。

植物提供给动物食物，动物帮助植物播种，彼此帮助。那么谁可以帮植物将种子带到更远的地方去

呢？正确答案是人类。无论是出于兴趣，还是为了生计，人类会有意地播种各种植物的种子。比如，在进行物品交易的时候，人们会将种子带到不同的国家，甚至是太空中。像这样被带到其他地区生长的植物被称为“归化植物”。

**中国的归化植物**

夏天，见缝插针式生长的一年蓬在中国的东北、华北、华中、华南和西南地区可见。它的花像荷包蛋一样，所以也叫作鸡蛋花。一年蓬是原产自北美洲的植物。此外，夜来香、丝毛飞廉、鸡舌草、龙葵草等都是原产自其他地区的植物，这些植物被称为“归化植物”。

# 种子发芽

种子从外面看就像睡着了一样，但是当条件合适的时候它就会焕发出新的生机。种子里的小生命们破壳而出后，不一会儿就用营养成分把自己喂得结结实实的，维持生命所需要的器官也在茁壮成长，最终得以在明媚的阳光下炫耀自己真正的模样。

水、温度、氧气是种子发芽的必备条件。如果没有它们的帮助，种子会一直沉睡下去。而且如果睡得时间太长了，种子最终会失去发芽的力气。

种子在开始工作之前，首先需要的是充足的水。水需要做很多事情。首先水要渗入胚乳、子叶和胚，让胚能够破壳而出。无论外壳多么坚硬，胚一定都会成功萌芽。就算胚被困在石头一般坚硬的种子里，水也能够帮它成功逃离。因此种子的命运都掌握在水的手里。水是打开种子“监狱之门”的钥匙。

除此之外，为了让种子好好吃东西，还需要将胚乳和子叶的营养成分溶解，这个时候也需要水的帮助。另外，在以后的发育过程中，还需要水将溶解的营养成分输送到植物的各个组织中。

与水相伴的是合适的温度。大部分的种子在10℃～20℃之间发芽。如果超出这个温度范围，种子的发芽会变得十分缓慢。如果过分超出这个温度范围，种子就不会发芽了。

除了水和温度以外，种子发芽还需要氧气的协助。除了一些水生植物以外，没有什么植物可以在水中发芽。种子在发芽的时候会把氧气用光，释放出二氧化碳，开始真正的呼吸。如果把种子埋得太深，或者种在硬邦邦的地里，种子同样会由于氧气不足而不会发芽。

应该把种子种在空气充足、土质松软的土地里，或者将种子直接放在湿润的土地表面，尽量用薄薄的一层土来覆盖。有时因为某种原因土地开裂的时候，在地下沉睡多年的种子会突然苏醒过来，之前因为氧气不足而一直沉睡的种子，遇到了水、温度、氧气条件适中的新环境，就会心情愉快地发出新芽来。干涸的土地也有可能突然变成美丽的草原。

## 归化植物

从其他地域迁移而来的植物称为“归化植物”。一般是靠人类、动物的运输将种子带到异地，有的是为了栽培而有意带来的，有的则在野外自由生长。归化植物多生长在自然遭到破坏的区域，城市的未开发地区以及废弃的空地上。某些归化植物会扰乱生态平衡，但并不是所有的植物都会如此。

▲ 狗尾草

7 月份随处可见的植物，落穗形似狗尾巴，因此而得名。

▲ 白色鸭跖草

常见于家畜养殖场周围的草类，因此而得名。

▲ 高雪轮

原产于欧洲的植物，茎秆的顶端会分泌出黏稠的液体。

▲ 红车轴草

原产于欧洲的植物，与白车轴草形状相似，但花的颜色是红色。

▲ **鸭跖草**

原产于北非，原本是作为实验植物进行栽培，后来被引入到平原。

▲ **葱兰**

原产于南美，原是观赏花卉，后用作药物等用途。

▼ **茑萝**

原产于北美，是一种需要攀附在其他物体上生长的藤蔓植物。

► **美国紫菀**

原产于北美，用于插花欣赏的植物，种子掉落之后，逐渐繁殖开来。

▲ **续断菊**

原产于欧洲，常见于路边或空地上，叶片的边缘长有尖刺。

◄ **苘麻**

原产于印度，作为纤维作物栽培，后来蔓延至田野成为野生植物。

▲ **黄花稔**

原产于美洲，生于路边山野丘陵下。

# 本土植物

在本国的山间或田野间自然生长的植物称为“本土植物”。而且即使是外来植物，如果是很久以前迁徙到本国，适应了本国的气候水土的归化植物也可以称为本土植物。

▲ 长毛银莲花

细长的花茎上摇曳的白花非常美丽。

▲ 绶草

多见于草地或墓地旁，花朵围绕花茎向上生长，可长到 60cm 左右。

▲ 山东万寿竹

成群结队地生长在丛林中，开白花，微微颔首，幼芽可作为野菜食用。

▲车前叶山慈姑

生长在山中，每年 4 月开花，6 片花瓣向后翻转，花瓣内部呈 W 状纹理。开白花的叫白色车前叶山慈姑。车前叶山慈姑煮成汤味道酷似海带。直接食用叶片会导致腹泻，必须煮熟后食用。

▲ **甘野菊**

秋天随处可见的花卉。

▲ **莨菪根**

生长在深山中，牛吃了这种草会发疯，毒性很强，也有开黄花的黄色莨菪根。

▲ **南山堇菜**

春天随处可见的花卉，韩国的堇菜种类非常丰富。

▲ **玄胡索**

花的形状非常奇特，路过玄胡索丛会闻到刺鼻的花香味。玄胡索的种类很多，有三裂玄胡索、竹叶玄胡索、齿瓣玄胡索等。

▲ **荷包牡丹**

形似荷包的花朵非常美丽，荷包牡丹就是“貌似美丽荷包的牡丹花”。

▲ **獐耳细辛**

花色有白色、粉红色等。叶子长出来之后像獐子的耳朵，因此而得名。

▲ **獐耳细辛幼苗**

刚从地下发出嫩芽的獐耳细辛像獐子的耳朵一样。

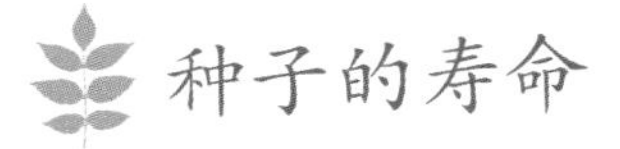

# 种子的寿命

在饱含营养成分的子叶和胚芽中，哪一种物质对植物的成长做出的贡献最大呢？答案是淀粉。但是没有溶解在水中的淀粉，胚是无法立刻吸收的。若想要淀粉进入植物的各个组织中，必须将淀粉溶解。

为此胚拥有能够将淀粉分解为糖分的淀粉糖化酵素。它可以将淀粉分解成为易于溶解的葡萄糖。换句话说，当种子没有发芽的时候，淀粉糖化酵素不会对种子产生任何影响，淀粉依然保持不变。但是当水、温度、氧气的条件具备时，种子一旦发芽，淀粉糖化酵素就会将淀粉转变为液体葡萄糖。葡萄糖能够进入植物的各个组织，为幼根和幼叶提供充足的营养成分。

即使给种子提供完全相同的水、温度、氧气的条件，不同种子的发芽时间也不相同。有的植物性子很急，果实还没从枝干上掉下来，种子就等不及要发芽了。生活在热带的红树将根部伸进泥土中维持生命，果实还悬挂在枝头上时，种子就发芽了。但是也有的种子发芽需要好几年的时间。菠菜、芸豆和茄子发芽只需要3天，生菜需要4天，哈密瓜和西瓜需要5天，玫瑰和山楂需要2年甚至更长的时间。大部分外壳坚硬的种子，因为吸收水分需要较长的时间，所以发芽的时间也比较晚。

根据植物种类的不同，有些种子发芽能力维持的时间较长，有些却很短。

有一种咖啡树的种子，成熟之后如果不立即栽种，种子就不会再发芽了。但是大麦的种子保存40年之后还可以发芽，含羞草的种子可以保存60年，芸豆种子过了100年之后还可以照常发芽。有些种子可以维持几百年的生命力，例如覆盆子、矢车菊、甘菊等植物。当人们从古代坟墓中发现它们的种子时，这些种子依然可以像前一年刚长出来的种子一样生根发芽。

但是我们还不知道发生这种情况的原因是什么。

就像每个人都有生命，但寿命长短却不同一样，大自然赐予植物发芽的能力也是不同的。如果说这是科学家们的任务的话，那么接下来要更进一步深入植物世界，寻找答案的人就是各位——成长中的新一代。

# 参考书目


Jean Henri Fabre, Bernard Niall, *The Wonder Book of Plant Life*, (Vivisphere Publishing · 2001)

Jean Henri Fabre, *HISTORIE VA BÛHE RÉCITS LA VIE DES PLANTES*, (ÉDITIONS DU BEFFROI · 2001)

Jean Henri Fabre, *LA PLANTE*, (Privat · 2005)

David Burnie, *Plant*, (Dorling Kindersley · 1988)

David Burnie, *Tree*, (Dorling Kindersley · 2000)

Flora of Korea Editorial Committee, *The Genera of Vascular Plants of Korea*, (아카데미서적 · 2007)

J. H 파브르, 정석형 옮김, 『파브르 식물기』, (두레 · 2003)

L. E. Graham 외, 서봉보 외 옮김, 『일반식물학』, (월드사이언스 · 2005)

Purves 외, 이광웅 외 옮김, 『생명 생물의 과학』 개정6판, (교보문고 · 2005)

W. G. 홉킨스, 권덕기 외 옮김, 『식물생리학』, (을유문화사 · 2002)

강혜순, 『꽃의 제국』, (다른세상 · 2008)

고규홍, 『알면서도 모르는 나무 이야기』, (사계절출판사 · 2006)

고규홍, 『이 땅의 큰 나무』, (눌와 · 2003)

김규원 외, 『화훼재료 및 형태학』, (위즈벨리 · 2005)

김준민 외, 『한국의 귀화식물』, (사이언스북스 · 2000)
김준민, 『들풀에서 줍는 과학』, (지성사 · 2006)
농촌진흥청 농업과학기술원, 『한국의 버섯 : 식용버섯과 독버섯 원색도감』, (김영사 · 2008)
데이비드 에튼보로, 과학세대 옮김, 『식물의 사생활』, (까치글방 · 1995)
박수현, 『한국의 귀화식물』, (일조각 · 2009)
박수현, 『韓國歸化植物 原色圖鑑』, (일조각 · 1999)
박수현, 『한국귀화식물원색도감 보유편』, (일조각 · 2001)
박양세, 『선인장 다육식물』, (교학사 · 2006)
박홍덕 외, 『식물형태학 용어』, (월드사이언스 · 2003)
손기철 · 윤재길, 『꽃색의 신비』, (건국대학교출판부 · 2004)
안영희 · 이택주, 『자생식물 대백과』, (생명의나무 · 2002)
알렝 니엘 퐁토피당, 나선희 옮김, 『나무의 비밀』, (사계절출판사 · 2005)
윌리엄 C. 버거, 채수문 옮김, 『꽃은 어떻게 세상을 바꾸었을까?』, (바이북스 · 2010)
윤주복, 『겨울나무 쉽게 찾기』, (진선books · 2007)
윤주복, 『나무 쉽게 찾기』, (진선books · 2006)
윤주복, 『나뭇잎도감』, (진선books · 2006)
윤주복, 『야생화 쉽게 찾기』, (진선books · 2006)
윤평섭, 이정식, 『최신 자생식물학』, (도서출판대선 · 2002)
이경준 외, 『山林生態學』, (鄕文社 · 2007)
이규배, 『식물형태학』, (라이프사이언스 · 2004)
이유미 · 서민환, 『우리풀백과사전』, (현암사 · 2003)
이재두 외, 『식물형태학』, (아카데미서적 · 1995)
이창복 외, 『新稿 植物分類學』, (鄕文社 · 2005)
이창복, 『대한식물도감』, (鄕文社 · 2003)

이창복, 『新稿 樹木學』, (鄕文社 · 2007)
임경빈 외, 『四稿 一般植物學』, (鄕文社 · 2003)
임경빈 외, 『新稿 林學槪論』, (鄕文社 · 2005)
정희석, 『목재용어사전』, (서울대출판부 · 2005)
조덕현, 『버섯』, (지성사 · 2001)
조덕현, 『조덕현의 재미있는 독버섯 이야기』, (양문 · 2007)
조덕현, 『한국의 식용 독버섯도감』, (일진사 · 2009)
차윤정 · 전승훈, 『신갈나무 투쟁기』, (지성사 · 2009)
한국양치식물연구회, 『한국양치식물도감』, (지오북 · 2006)
현재선, 『식물과 곤충의 공존전략』, (아카데미서적 · 2007)

**编者注：**参考书目中的书籍未在中国大陆出版，如有需要，请查阅原版。

# 索引

## D

E



F



G

## H

L

## M



## N



## P

## Q



## R



## S

## T



## W



## X

## Y

## Z

**图书在版编目（CIP）数据**

法布尔植物记：手绘珍藏版：全2册 /（法）法布尔著；（韩）秋芠兰编；（韩）李济湖绘；邢青青，洪梅译. -- 北京：北京联合出版公司，2019.8（2023.3重印）

ISBN 978-7-5596-3441-2

Ⅰ. ①法… Ⅱ. ①法… ②秋… ③李… ④邢… ⑤洪… Ⅲ. ①植物 – 少儿读物 Ⅳ. ① Q94-49

中国版本图书馆 CIP 数据核字 (2019) 第 143298 号
北京版权局著作权合同登记 图字：01-2018-8469 号



# 法布尔植物记：手绘珍藏版

**作　　者**　［法］法布尔
**编　　者**　［韩］秋芠兰
**绘　　者**　［韩］李济湖
**译　　者**　邢青青　洪　梅
**责任编辑**　李艳芬
**项目策划**　紫图图书 ZITO®
**监　　制**　黄　利　万　夏
**特约编辑**　曹莉丽
**营销支持**　曹莉丽
**版权支持**　王福娇
**装帧设计**　紫图装帧

北京联合出版公司出版
（北京市西城区德外大街 83 号楼 9 层　100088）
艺堂印刷（天津）有限公司印刷　新华书店经销
字数 145 千字　710 毫米 ×1000 毫米　1/16　24 印张
2019 年 8 月第 1 版　2023 年 3 月第 4 次印刷
ISBN 978-7-5596-3441-2
定价：99.90 元（全 2 册）